coleção primeiros passos 116

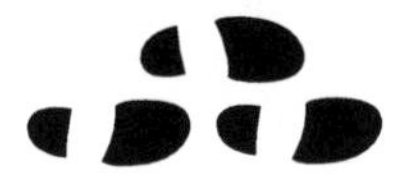

Antônio Lago
José Augusto Pádua

O QUE É ECOLOGIA

editora brasiliense

18ª reimpressão, 2017

Diretora Editorial: *Maria Teresa Batista de Lima*
Produção Gráfica: *Laidi Alberti*
Capa e ilustrações: *Ettore Bottini*
Revisão: *Angela das Neves e Nydia Ghilardi*

Dados Internacionais de Catalogação na Publicação (CIP)
(Câmara Brasileira do Livro, SP, Brasil)

Lago, Antonio
O que é ecologia / Antônio Lago, José Augusto
Pádua – 1ª ed. – São Paulo : Brasiliense, 1984. –
(Coleção Primeiros Passos ; 116)

ISBN 85-11-01116-1

1. Ecologia I. Pádua, José Augusto. II Título. III Série.

94-4590 CDD-304.2

Índices para catálogo sistemático:
1. Ecologia : Aspectos políticos 304.2

Editora Brasiliense Ltda.
Rua Antonio de Barros, 1720 - Tatuapé
CEP 03401-001 - São Paulo - SP
www.editorabrasiliense.com.br

SUMÁRIO

"A consciência ecológica levanta-nos um problema duma profundidade e duma vastidão extraordinárias. Temos de defrontar ao mesmo tempo o problema da Vida no planeta Terra, o problema da sociedade moderna e o problema do destino do Homem. Isto obriga-nos a repor em questão a própria orientação da civilização ocidental. Na aurora do terceiro milênio, é preciso compreender que revolucionar, desenvolver, inventar, sobreviver, viver, morrer, anda tudo inseparavelmente ligado."

Edgar Morin

À grata memória de Roberto Tamara e Theodoro Maurer, e à presença de Ciana, Daniel e Ananda, que nasceram nos anos 1980, hóspedes da opção de vida dos seus pais.

INTRODUÇÃO

Em 1866, o biólogo alemão Ernest Haeckel, em sua obra *Morfologia geral dos organismos*, propôs a criação de uma nova e modesta disciplina científica, ligada ao campo da biologia, que teria por função estudar as relações entre as espécies animais e o seu ambiente orgânico e inorgânico. Para denominá-la, ele utilizou a palavra grega *oikos* (casa) e cunhou o termo "ecologia" (ciência da casa). A mesma palavra grega havia sido usada anteriormente para denominar outra disciplina, que também viria a ocupar lugar de destaque no mundo contemporâneo – a "economia" (ordenação da casa).

Qualquer pessoa que acompanhe o debate atual sobre os temas ditos ecológicos nos meios de comunicação poderá verificar a grande distância que separa a modesta proposta original de Haeckel e a ampla gama de ideias, projetos e visões de mundo que reivindica hoje em dia o uso da palavra "ecologia". Dois exemplos bastam para nos dar uma amostra desse fato: em 1980, gigantescas manifestações de centenas de milhares de pessoas, comparáveis apenas às manifestações da década de 1960 pelos direitos civis e contra a guerra do Vietnã, se estenderam por diversas cidades americanas para protestar contra os perigos ecológicos do uso da energia nuclear, estimuladas pela pane na usina de "Three Miles Island", em Harrisburg. Uma grande revista se perguntou: "Será a ecologia a grande questão política nos Estados Unidos dos anos 1980?". Em 1981, o candidato dos ecologistas à presidência da França, Brice Lalonde, obteve 1120000 votos (4% do total), tornando-se o quinto candidato mais votado. Na eleição anterior, o conhecido agrônomo e especialista nos problemas rurais do Terceiro Mundo, René Dumont, havia obtido 1,3% dos votos pela mesma legenda.

Podemos ver, por esses exemplos, que a palavra ecologia não é usada em nossos dias apenas para designar uma disciplina científica, cultivada em meios acadêmicos, mas também para identificar um amplo e variado movimento social, que em certos lugares e ocasiões chega a adquirir contornos de um movimento de massas e uma clara expressividade política. A partir dessa constatação surgem de imediato várias perguntas: "como se deu essa passagem de uma disciplina científica para um movimento social e político?", "como se desenvolveu o pensamento ecológico para, em pouco mais de um século, expandir tanto o seu campo de alcance, tornando-se um dos temas mais debatidos do nosso tempo?".

Responder a essas questões não é uma tarefa fácil, e essa dificuldade se deve basicamente a dois motivos: em primeiro lugar, o pensamento ecológico, na sua evolução histórica, ultrapassou em muito os limites originais propostos por Haeckel. Não só em sua vertente biológica original, na qual a percepção da complexidade dos sistemas naturais levou a uma crescente sofisticação de métodos e conceitos, como também em sua vertente mais ligada ao campo das ciências sociais, que se desenvolveu mais tarde com o nome de ecologia social (ou política), o campo da ecologia adquiriu uma amplidão poucas vezes encontrada na história do pensamento, enveredando por um vasto enfoque multidisciplinar.

No manual clássico de ecologia social *População, recursos e ambiente,* de Paul e Anne Ehrlich, por exemplo, são utilizados elementos dos seguintes campos do conhecimento: estatística, teoria dos sistemas, cibernética, teoria dos jogos, termodinâmica, física, bioquímica, biologia, medicina, epidemiologia, toxicologia, agronomia, urbanismo, demografia, sociologia e economia. Evidentemente, essa passagem de uma disciplina restrita ao universo da biologia para um campo de pensamento que procura sintetizar tantos elementos diferentes gera de imediato, entre os próprios ecó-

logos, uma crise de método e de definição em relação ao âmbito do seu estudo. Alguém chegou a dizer que a ecologia estava se transformando em uma "história de tudo e de todos".

O segundo ponto de dificuldade é que o movimento social que surgiu a partir da questão da ecologia, o chamado "movimento ecológico", não é de forma alguma homogêneo e unitário. Incorporados nesta classificação temos desde cientistas, amantes da natureza e empresários até representantes de correntes socialistas, libertárias, contraculturais e um amplo espectro de ideias e modos de vida paralelos ou alternativos ao estilo de vida dominante nas modernas sociedades industriais.

É natural, portanto, diante da amplidão do campo da ecologia e da diversidade do movimento ecológico, que exista na opinião pública uma percepção bastante confusa sobre o que seja de fato essa corrente de pensamento, confusão agravada pela multiplicidade de enfoques e apropriações sociais das ideias surgidas no debate ecológico e divulgadas de forma fragmentária pelos veículos de comunicação de massa.

Apesar dessas dificuldades, contudo, é cada vez maior o número de pessoas que se interessa pela ecologia e sente que ela traz algo de novo e importante. Seu impacto na cultura humana, nas diversas áreas da ciência, nas discussões políticas e no comportamento de vários grupos sociais é cada vez mais perceptível. Por intermédio da ecologia, por exemplo, muitas pessoas estão sendo levadas a questionar o seu trabalho, o seu consumo, o seu lazer, a sua saúde, os seus relacionamentos e a sua visão de mundo. Por meio da ecologia muitos mitos bem estabelecidos da ciência, da tecnologia, da política e da vida social estão sendo postos em xeque, e novos caminhos estão sendo abertos. Pela ecologia, por fim, valores filosóficos de unidade da vida e integração homem/natureza, presentes em várias culturas tradicionais da humanidade, estão renascendo numa linguagem prática e acessível para o homem moderno.

O crescimento do interesse pela ecologia, por outro lado, tem como pano de fundo o dilema da época histórica em que estamos vivendo. Diante de fatos como o acúmulo de armamentos nucleares e a exaustão crescente dos recursos naturais, o problema da sobrevivência passou a ser uma questão real e presente em qualquer discussão sobre o futuro da humanidade. Cada vez torna-se mais claro que a crise que vivemos nos dias de hoje é uma crise única, diferente de todas as crises parciais que tivemos no passado, pois não apresenta apenas questões passageiras, mas sim questões cruciais e decisivas para o futuro histórico da nossa espécie.

Os ecologistas não têm tido a pretensão de apresentar respostas prontas para essas questões, mas o crescimento da sua atuação política tem ajudado a chamar atenção para duas premissas fundamentais. A

primeira delas é a de que a solução para o dilema atual não poderá ser encontrada por caminhos antigos e já trilhados, mas sim por meio da invenção de alternativas radicalmente novas e originais. A segunda se refere ao fato de que é urgente redescobrir uma força que tem sido fortemente relegada pela política tradicional: nossas vidas. A solução real para a grande crise que vivemos não poderá surgir de cima para baixo, mas terá de nascer da iniciativa, da criatividade e da solidariedade dos homens comuns. É fundamental que os homens e as mulheres, não apenas enquanto indivíduos, mas também enquanto comunidades, enquanto trabalhadores, consumidores e moradores, ocupem o espaço da política, da economia e da sociedade, e expressem de todas as formas possíveis sua vontade de viver e de construir o mundo que desejam, o mundo que seja digno da condição humana, o mundo que, em parte, pode ser resumido nas belas palavras de Laura Conti: "não queremos um mundo árido e fétido, mas sim um mundo com ar limpo, águas claras, terra negra e fértil, animais abundantes e variados. Queremos um mundo vivo, um mundo são e também – por que não? – um mundo belo".

O PENSAMENTO ECOLÓGICO: DA ECOLOGIA NATURAL AO ECOLOGISMO

Para entender o desenvolvimento do pensamento ecológico e a maneira como ele chegou ao seu atual nível de abrangência, é necessário partir da constatação de que o campo da ecologia não é um bloco homogêneo e compacto de pensamento. Não é homogêneo porque nele vamos encontrar os mais variados pontos de vista e posições políticas e não é compacto porque em seu interior existem diferentes áreas de pensamento, dotadas de certa autonomia e voltadas para objetos e preocupações específicos. Podemos dizer que, *grosso modo,* existem no quadro do atual pensamento ecológico pelo menos quatro grandes áreas, que poderíamos denominar de ecologia natural, ecologia social, conservacionismo e ecologismo. As duas primeiras de caráter mais teórico-científico e as duas últimas voltadas para objetivos mais práticos de atuação social. Essas áreas,

cuja existência distinta nem sempre é percebida com suficiente clareza, foram surgindo de maneira informal à medida que a reflexão ecológica se desenvolvia historicamente, expandindo seu campo de alcance.

A ecologia natural, que foi a primeira a surgir, é a área do pensamento ecológico que se dedica a estudar o funcionamento dos sistemas naturais (florestas, oceanos etc.), procurando entender as leis que regem a dinâmica de vida da natureza. Para estudar essa dinâmica, a ecologia natural, apesar de estar ligada principalmente ao campo da biologia, se vale de elementos de várias ciências como a química, a física, a geologia etc. A ecologia social, por outro lado, nasceu a partir do momento em que a reflexão ecológica deixou de se ocupar apenas do estudo do mundo natural para abarcar também os múltiplos aspectos da relação entre os homens e o meio ambiente, especialmente a forma pela qual a ação humana costuma incidir destrutivamente sobre a natureza. Essa área do pensamento ecológico, portanto, se aproxima mais intimamente do campo das ciências sociais e humanas. A terceira grande área do pensamento ecológico – o conservacionismo – nasceu justamente da percepção da destrutividade ambiental da ação humana. Ela é de natureza mais prática e engloba o conjunto das ideias e estratégias de ação voltadas para a luta em favor da conservação da natureza e da preservação dos recursos naturais. Esse tipo de preocupação deu origem aos inúmeros grupos e entidades que formam o amplo movimento existente hoje em dia em defesa do ambiente natural. Por fim, temos o fenômeno ainda recente, mas cada vez mais importante, do surgimento de uma nova área do pensamento ecológico, denominada ecologismo, que vem se constituindo como um projeto político de transformação social, calcado em princípios ecológicos e no ideal de uma sociedade não opressiva e comunitária. A ideia central do ecologismo é de que a resolução da atual crise ecológica não poderá ser concretizada apenas com medidas parciais de conservação ambiental, mas sim através de uma ampla mudança na economia, na cultura e na própria maneira de os homens se relacionarem entre si e com a natureza. Essas ideias têm sido defendidas em alguns países pelos chamados "Partidos Verdes", cujo crescimento eleitoral, especialmente na Alemanha e na França, tem sido notável.

Pelo que foi dito acima, podemos perceber que dificilmente uma outra palavra terá tido uma expansão tão grande no seu uso social quanto a palavra ecologia. Em pouco mais de um século ela saiu do campo restrito da biologia, penetrou no espaço das ciências sociais, passou a denominar um amplo movimento social organizado em torno da questão da proteção ambiental e chegou, por fim, a ser usada para designar toda uma nova corrente política. A rapidez dessa evolução gerou uma razoável confusão aos olhos do grande público, que vê discursos de natureza bastante diversa serem

formulados em nome da mesma palavra ecologia. Que relação pode haver, por exemplo, entre um deputado "verde" na Alemanha, propondo coisas como a libertação sexual e a democratização dos meios de comunicação, e um conservador biólogo americano que se dedica a escrever um trabalho sobre o papel das bactérias na fixação do nitrogênio? Tanto um como outro, entretanto, se dizem inseridos no campo da ecologia. A chave para não nos confundirmos diante desse fato está justamente na percepção do amplo universo em que se movimenta o uso da palavra ecologia.

É importante ter em mente, contudo, que essas diferentes áreas do pensamento ecológico não são compartimentos estanques, isolados entre si. No fundo, elas são diferentes facetas de uma mesma realidade e se complementam mutuamente: a ecologia natural nos ensina sobre o funcionamento da natureza, a ecologia social sobre a forma como as sociedades atuam sobre esse funcionamento, o conservacionismo nos conduz à necessidade de proteger o meio natural como condição para a sobrevivência do homem e o ecologismo afirma que essa sobrevivência implica uma mudança nas bases da vida do homem na Terra. É verdade que essas áreas podem também ser trabalhadas separadamente. Um professor de ecologia natural, por exemplo, pode não concordar nem um pouco com os princípios políticos do ecologismo. Para se ter uma visão completa e fecunda do campo da ecologia, contudo, é importante ter uma perspectiva global, examinando-se as especificidades e a evolução de cada área em função da sua relação com o conjunto.

A ecologia natural

Vejamos inicialmente a área da *ecologia natural*, que surgiu a partir das pesquisas de Haeckel, na segunda metade do século XIX, continuadas depois por inúmeros cientistas. No século XX essa ciência se desenvolveu enormemente, formulou conceitos precisos e cunhou uma linguagem própria. Com a ampliação do seu campo de investigação, ela foi se subdividindo em áreas mais específicas como ecologia florestal, ecologia marinha etc. Esses diversos campos são estudados hoje em dia no âmbito acadêmico, especialmente nos cursos de biologia.

A base na qual se fundamenta todo o universo da ecologia natural é o conceito de *ecossistema*. Esse conceito nos revela que os elementos da natureza não existem isolados uns dos outros, mas sim tendem a se combinar em sistemas complexos, estabelecidos a partir de uma série de relacionamentos físicos e biológicos. Por meio desses relacionamentos, os sistemas naturais adquirem uma espécie de vida coletiva própria, que os capacita para se auto-organizarem e autorreproduzirem ao longo do tempo, coisas tão diferentes como

uma grande floresta, um lago ou uma caatinga podem ser entendidos como sendo ecossistemas. Isso porque cada um desses ambientes é um todo integrado, uma unidade funcional de vida, onde a interação conjunta das diversas espécies de animais e vegetais que nele estão presentes, justamente com o fundo físico-químico composto pelos fatores minerais, climáticos etc., constrói o sistema de equilíbrios que permite o funcionamento do todo.

Ao investigar o sistema de relacionamentos que forma o ecossistema, a ecologia natural procura perceber quais são as regras do seu funcionamento. A partir desse estudo é possível identificar algumas das leis que regulam os mecanismos ecossistêmicos, as quais poderíamos resumir nos seguintes princípios:

1) *Interdependência* – Na unidade funcional do ecossistema tudo está inter-relacionado, de tal maneira que não podemos tocar num elemento isolado sem afetarmos o conjunto, assim como no corpo humano não podemos atingir um órgão sem afetar todo o organismo. Um exemplo típico dessa interdependência é a complementariedade perfeita que existe entre as plantas e os animais. Enquanto as primeiras, no processo de fotossíntese, liberam oxigênio e consomem gás carbônico, os últimos, por meio de sua respiração, consomem oxigênio e liberam gás carbônico.

2) *Ordem dinâmica* – Esse sistema de equilíbrio interdependente não é estático e sim dinâmico; não

Fluxo constante de matéria e energia.

surgiu do nada, mas foi sendo forjado por um lento e trabalhoso processo evolutivo, que precisa ser continuamente renovado para prosseguir. Por isso ele é ao mesmo tempo sólido e frágil. Sólido porque suas estruturas foram longamente maturadas e frágil porque elas necessitam para sobreviver da existência permanente de condições que assegurem sua renovação.

3) *Equilíbrio autorregulado (homeostase)* – Esse dinamismo faz com que o ecossistema seja não apenas auto-organizado como também autorregulável. Assim, se o sistema sofre algum dano ou modificação, ele tem capacidade para se reordenar e se adaptar à nova situação, estabelecendo um novo equilíbrio. É importante considerar, contudo, que essa capacidade de adaptação não é ilimitada, e que a partir de certo nível de danificação o ecossistema pode entrar em colapso.

4) *Maior diversidade = maior estabilidade* – Quanto maior for a variedade de elementos existentes em um ecossistema, maior será a sua capacidade de se autorregular, pois maiores serão as possibilidades com que ele contará para recombinar elementos num novo equilíbrio. Por isso uma praga numa monocultura é muito mais devastadora do que num ecossistema diversificado.

5) *Fluxo constante de matéria e energia* – O sol é a grande fonte de energia da natureza, pois ele é um sistema "aberto", que fornece energia abundante sem demandar nenhuma energia em troca para sobreviver.

As plantas utilizam diretamente essa forma de energia para produzir alimentos a partir de substâncias inorgânicas simples presentes no solo. Essas plantas são consumidas por animais herbívoros, esses pelos carnívoros e assim por diante. Os corpos de todos esses organismos, quando mortos, são decompostos pelos fungos e pelas bactérias, e seus elementos retornam ao solo, onde serão aproveitados pelas plantas, reiniciando de novo o ciclo. Esse mecanismo recebe o nome de CADEIA ALIMENTAR.

6) *Reciclagem permanente* – Não existe "lixo" na natureza. Todo elemento natural liberado no ambiente é reaproveitado de alguma forma pelo ecossistema. Através desses reaproveitamentos, os materiais de que a vida se serve (tais como o oxigênio, o hidrogênio, o nitrogênio, o fósforo, o potássio etc.) estão sempre circulando numa espécie de ciclo fechado. São os chamados CICLOS BIOGEOQUÍMICOS. Esses ciclos permitem uma reciclagem constante dos elementos da natureza, e é esse processo que permite a sobrevivência de uma "nave espacial" finita e de recursos limitados como o planeta Terra, pois estes são constantemente reaproveitados pelo movimento incessante da natureza.

Nosso planeta pode ser considerado como um imenso complexo ecológico. Seus diversos ecossistemas não existem isolados uns dos outros, mas se agrupam em unidades maiores, grandes complexos de

vida que denominamos *biomas*. Esses biomas são, por exemplo, as florestas tropicais úmidas, os cerrados, as savanas, os oceanos etc. O conjunto dos biomas forma a unidade global da vida no planeta, denominada *ecosfera*.

A formação desse complexo teatro de vida se deu através de um lento processo evolutivo que começou na Terra há mais de 3 bilhões de anos. Gradualmente, passo a passo, foram sendo forjadas as condições que permitem hoje em dia a existência das inúmeras formas de vida que conhecemos. A atmosfera original do planeta, por exemplo, carecia de oxigênio. Foi o surgimento e a difusão dos vegetais fotossintéticos que provocou, gradualmente, a generalização em nossa atmosfera desse precioso elemento, essencial para a vida humana. No decorrer desse processo, uma parte do oxigênio produzido se converteu em ozônio, formando a chamada "camada de ozônio", que protege a Terra da radiação ultravioleta do sol, a qual, com a ausência dessa filtragem, impediria a existência de vida no planeta. A possibilidade da vida na Terra, portanto, foi como que "fabricada" pela dinâmica ecológica da natureza. Por isso, como dizia Jean Dorst, quaisquer que sejam nossas realizações, "o homem será sempre devedor de alguns cloroplastos repletos de clorofila e imersos no seio de uma célula vegetal", pois é a partir deles que se realiza a mecânica da fotossíntese e se produz o oxigênio necessário à vida.

O homem é apenas uma parte dessa grande sinfonia da evolução da vida na Terra. Possuindo a capacidade de entender racionalmente esse grandioso processo, sendo a evolução feita consciente de si mesma, deveria ser o primeiro a considerar sagrada a natureza desse planeta, que é a única opção de vida para a nossa espécie. A realidade, contudo, é bem diversa. Diante dos bilhões de anos de evolução da vida na Terra, a nossa espécie surgiu, enquanto *Homo sapiens*, há não mais que 100 mil anos. Já a moderna sociedade industrial possui menos de trezentos anos de existência. Apesar disso, a simples inserção do homem no esquema ecossistêmico resumido acima já tornará necessária a abertura de toda uma nova área de reflexão no interior do pensamento ecológico. Um campo que, ao contrário da ecologia natural, que estuda a construção de equilíbrios, se ocupará fundamentalmente em analisar um inventário de desequilíbrios. Esse campo é a ecologia social, o estudo do impacto das sociedades humanas sobre os ambientes naturais.

A ecologia social

Se aceitarmos a ideia de que o surgimento e a difusão de uma corrente de pensamento estão profundamente ligados ao momento histórico em que ela se manifesta, podemos tomar a ecologia social como um

caso exemplar: ela é um fruto típico de nossa época. Apesar de existirem sementes desse tipo de estudo até mesmo em pensadores da Antiguidade, o fato é que a percepção da sua importância crucial apenas se tornou presente a partir da enorme radicalização do impacto destrutivo do homem sobre a natureza, provocada pelo desenvolvimento do industrialismo. A ecologia social, portanto, não nasceu da cabeça de alguns iluminados, mas sim das próprias contradições reais engendradas pela sociedade urbano-industrial.

Uma pergunta que frequentemente se faz é por que os estudos de ecologia social não surgiram de forma mais explícita ainda no século XIX, uma vez que já naquela época podiam ser percebidos graves problemas ambientais, como mostram os relatos sobre poluição e insalubridade nas fábricas e bairros operários de então. Uma possível resposta, sugerida por Hans Magnus Enzenberger, é que os efeitos da degradação ambiental antes da Primeira Guerra afetavam principalmente os trabalhadores, e que foi apenas no século XX que eles alcançaram também as classes mais favorecidas, refletindo-se no aumento da preocupação acadêmica sobre o assunto. A questão, entretanto, não se limita a esse aspecto social. Não se pode dizer que não existia naquela época nenhuma preocupação com as questões socioecológicas. Vamos encontrar raciocínios claros de ecologia social na obra de economistas, como Thomas Malthus, Karl Marx e John Stuart-Mill, ou de geógrafos como Friedrich Ratzel e George P. Marsh. O fato, porém, é que predominava entre os pensadores de então, inclusive entre os socialistas, uma profunda fé nas possibilidades do industrialismo e uma ausência de preocupação com os limites naturais. Para isso contribuía o fato de a economia industrial não ter ainda atingido um nível de desenvolvimento que revelasse de forma inequívoca as contradições ecológicas inerentes ao seu funcionamento. Foi preciso esperar quase um século para que essas contradições se tornassem visíveis e aparentes aos olhos do grande público e dos pensadores acadêmicos. Dessa forma, o grosso da produção teórica sobre a ecologia social começou a ser elaborado a partir da década de 1960, como consequência, inclusive, do imenso avanço internacional da produção industrial e da degradação ambiental, observado após a Segunda Grande Guerra.

O debate sobre a ecologia social, a partir desse momento, não ficou restrito a um grupo limitado de intelectuais e, sim, se espalhou por um espaço social cada vez mais amplo. Um marco nesse sentido foi a publicação, em 1962, do livro *Primavera silenciosa*, da bióloga Rachel Carson. Esse livro, uma apaixonada denúncia dos estragos causados pelo uso do DDT e de outros agrotóxicos, provocou grande comoção na opinião pública americana e abriu, por assim dizer, o debate popular sobre esses temas. A partir de então o pensamento socioecológico avançou em diversas direções de extrema riqueza. Economistas, agrônomos, sociólogos, filósofos, médicos etc. passaram a trabalhar com esse tipo de análise, localizando os inúmeros campos em que ele abria novas perspectivas para o entendimento do dilema humano. Todo esse processo, contudo, não ocorreu de forma fria e intelectual, pois o que passou a ser debatido foi a própria possibilidade da continuação da vida humana na Terra. Foi a perplexidade gerada por essa dúvida que obrigou a ecologia social a passar cada vez mais ao debate público, procurando responder ao porquê de o relacionamento homem-natureza possuir contradições tão marcantes.

Não haveria como resumir, em poucas palavras, todos os sofisticados raciocínios que, a partir de então, foram formulados para tentar responder a essa questão. Podemos, no entanto, demarcar alguns pontos de partida. O primeiro deles é a percepção da especificidade da ação humana em relação à ação das outras espécies.

Todos os seres possuem certas necessidades básicas (alimentação, abrigo etc.) e, para satisfazê-las, contam exclusivamente com os recursos encontrados no ambiente. O homem não é exceção, pois o que sempre esteve em jogo nos diversos modos de produção surgidos ao longo da história foi sempre o como produzir e o para quem destinar os frutos da produção, já que a questão de onde retirar a matéria-prima necessária teve sempre uma resposta única: da natureza.

A afirmação anterior pode parecer extremamente óbvia, mas o fato é que é impressionante constatar como nossa consciência individual e nossas teorias econômicas estão alienadas desse mundo material do qual somos dependentes. Quantos de nós, que vivemos na cidade, ao abrir uma torneira nos lembramos de perguntar de que manancial natural vem aquela água? É como se ela surgisse magicamente do outro lado da parede. Quantos, ao verem um moderno avião supersônico, se apercebem de que cada pequeno detalhe que o constitui teve de ser feito com matéria retirada do ambiente natural? A maioria das nossas teorias econômicas, como veremos mais tarde, reflete também essa atitude e raciocina como se a economia pairasse acima da natureza. É curioso, portanto, como essa civilização, tantas vezes acusada de "materialista", pode ser tão alienada do mundo material.

Ocorre, porém, que é deste mundo material que todos os seres retiram as bases materiais de sua existência. Dele dependem e sobre ele exercem a sua ação transformadora. Um pássaro que recolhe matéria para formar seu ninho, ou um peixe que se alimenta de peixes menores, por exemplo, estão modificando o meio de alguma forma. Por isso, os ecologistas afirmam que a economia deveria ser considerada um capítulo apenas da ecologia. Pois a economia é definida como a "ciência que lida com a escassez para satisfazer as necessidades do homem", ela se refere,

portanto, somente à ação material e à demanda de uma espécie, o homem, enquanto a ecologia examina a ação de todas as espécies, seus relacionamentos e sua interdependência.

A ação da espécie humana, contudo, é de uma qualidade única na natureza. Pois, enquanto as modificações causadas por todos os outros seres são quase sempre assimiláveis pelos mecanismos autorreguladores dos ecossistemas, não destruindo o equilíbrio ecológico, a ação humana possui um enorme potencial desequilibrador, ameaçando, muitas vezes, a própria permanência dos sistemas naturais.

As razões para esse fato são muitas. Evidentemente o maior poder de raciocínio, a capacidade técnica e a densidade de população concentrada da espécie humana pesam de forma fundamental. Nenhum desses fatores, no entanto, é tão essencial quanto o fato de o homem atuar sobre o meio não apenas para retirar o necessário para sua reprodução física, mas também para satisfazer necessidades que são *socialmente fabricadas.* Necessidades (por vezes muito pouco "necessárias") que nascem com o crescimento da complexidade socioeconômica e cultural das sociedades, com o desenvolvimento da divisão e da estratificação social no interior dos grupos humanos.

A ação humana sobre o meio, desta forma – ao contrário dos animais, que consomem de forma instintiva, homogênea e regular –, é socialmente diferenciada e se baseia em motivações altamente complexas. A construção de um luxuoso palácio, por exemplo, que consome um grande potencial de recursos naturais, não tem como motivo apenas a satisfação da necessidade de "abrigo" para alguém. A determinação de construí-lo envolve um conjunto de fatores sociais complexos, como, por exemplo, os padrões culturais, o sistema político, os mecanismos de dominação social, os símbolos de *status* etc. É o conjunto desse tipo de fatores que faz com que o impacto humano sobre o meio seja muito mais intenso do que aquele que seria determinado pelas meras necessidades físicas. Isso é o que diferencia qualitativamente a ação humana sobre o ambiente: ela é socialmente determinada.

O impacto do homem sobre o meio ambiente, portanto, vai variar historicamente de acordo com o modo de produção, a estrutura de classes, o aparato tecnológico e o universo cultural de cada sociedade estabelecida ao longo do tempo. Acontece, entretanto, que qualquer que seja o tipo de organização social e econômica, manifestada num dado momento histórico, aquela terá sempre de defrontar com fatores físicos e naturais que estão fora do seu controle imediato. Fatores que estão ligados à dinâmica de funcionamento dos ecossistemas, que possuem leis próprias e limites estabelecidos não por qualquer vontade humana, mas por um longo processo de evolução natural. Devemos lembrar, portanto, que, apesar de as necessi-

dades humanas serem socialmente determinadas, a possibilidade de satisfazê-las tem de ser também ecologicamente determinada. E o que gerará essa possibilidade é a existência ou não de recursos naturais em quantidade suficiente.

Recursos naturais é o nome que se dá aos elementos da natureza em referência ao seu potencial de uso para os seres humanos. Existem basicamente três tipos de recursos naturais: 1) os recursos renováveis (animais e vegetais); 2) os recursos não renováveis (minerais, fósseis etc.); 3) os recursos livres (ar, água, luz solar e outros elementos que existem em grande abundância). Como esses recursos são a base material da existência, fica claro que a sobrevivência de uma espécie que deles necessite vai depender de um lado da garantia de reprodução para os recursos renováveis e, do outro, da preservação das reservas de recursos não renováveis.

Essas duas condições eram facilmente cumpridas pelas comunidades humanas primitivas, pois além de retirarem do meio quase que só o necessário para sua reprodução, elas viviam basicamente do consumo dos recursos renováveis. A coleta de frutos, a caça e a lavoura em pequena escala, por exemplo, apenas aparavam os "excessos" da produção espontânea dos ecossistemas, deixando intactas as bases do seu funcionamento.

Mesmo em sociedades pré-capitalistas mais desenvolvidas, como as da Antiguidade clássica, que já apresentavam um grau considerável de avanço urbano e comercial, o nível de desenvolvimento produtivo e populacional era ainda pequeno o suficiente para não ameaçar de forma generalizada o equilíbrio do meio natural (a não ser de forma reduzida e localizada, pois vamos encontrar exemplos de desastres ecológicos, como mudanças climáticas e erosão dos solos, até mesmo em documentos do mundo grego e romano).

Com a ruralização da economia na Idade Média, o impacto destrutivo da ação humana não avançou em demasia, mantendo-se em nível suportável, apesar de encontrarmos em documentos medievais inúmeros registros de problemas ambientais, como o desflorestamento e a poluição do ar causada pelas fundições e pela queima de carvão. Nada, porém, que colocasse em questão a sobrevivência dos sistemas naturais.

Ao longo da história pré-capitalista, portanto, o baixo nível de desenvolvimento das forças produtivas permitiu que se mantivesse a falsa impressão da existência de recursos naturais em quantidade ilimitada, para suprir o crescimento permanente das sociedades humanas.

Essa impressão só veio a se modificar como consequência do avanço histórico de uma nova realidade, que modificou de forma substancial a vida do homem na Terra e radicalizou enormemente o seu impacto sobre o meio ambiente. Esse fato novo foi o advento da revolução industrial, nos séculos XVIII e XIX, com

o estabelecimento de uma economia industrializada, centrada no espaço urbano e baseada numa tecnologia altamente consumidora de energia e matérias-primas. Essa economia industrial, que nasceu sob o signo do modo de produção capitalista, supõe um mercado em permanente expansão, no qual produzir cada vez mais passa a ser uma necessidade inerente ao próprio sistema, não para assegurar a satisfação das necessidades coletivas, mas sim para garantir o processo de acumulação de capital no interior de uma economia baseada na competição entre grandes empresas.

Veremos mais tarde, com mais detalhes, a forma pela qual essa economia industrial de crescimento ilimitado exerce um impacto violentamente destrutivo sobre a natureza, a ponto de ameaçar a própria sobrevivência do sistema natural que serve de suporte para a vida na Terra. Por enquanto, basta ter em mente que foi com o avanço dessa nova realidade socioeconômica e dos seus efeitos colaterais que a evidência da dilapidação crescente dos recursos naturais se fez cada vez mais presente, gerando a preocupação hoje universal que tem alimentado o desenvolvimento do debate sobre a ecologia social.

A problemática ecológica, no entanto, não se limitou a inspirar os campos de investigação teórica que mencionamos anteriormente. Ela inspirou também, sobretudo ao longo do século XX, uma série de iniciativas sociais concretas, no sentido de reagir e apresentar alternativas aos problemas causados pela deterioração do ambiente. Recentemente essas iniciativas passaram a ser agrupadas pelo nome genérico de "movimento ecológico".

Uma das chaves para entendermos com um pouco mais de clareza a natureza deste movimento é a percepção de que existem em seu interior duas grandes correntes: a primeira delas, bem mais antiga, é o conservacionismo; a segunda, bastante recente mas com cada vez maior peso político, é o ecologismo.

O conservacionismo

O conservacionismo é a luta pela conservação do ambiente natural, ou de partes e aspectos dele, contra as pressões destrutivas das sociedades humanas. Os motivos que podem inspirar esse tipo de luta são os mais diversos. Alguns lutam pela conservação da natureza devido à consciência de sua importância para o bem-estar e a sobrevivência da espécie humana. Outros podem se envolver na mesma luta por razões estéticas, científicas, econômicas e até afetivas (como é o caso de muitos grupos de proteção aos animais). As raízes históricas dessa luta não são recentes. Já no século XIX começou a surgir entre naturalistas e artistas amantes da natureza um movimento para conter a destruição das áreas naturais. Denúncias nesse sentido

foram feitas em congressos científicos e artísticos, gerando uma campanha em favor da criação de reservas de vida selvagem. No século XX essa luta se intensificou mais ainda, tendo sido criada na década de 1940 a União Internacional para a Conservação da Natureza e de seus Recursos (UICN), com sede em Morges (Suíça), que tem por objetivo incentivar o crescimento da preocupação internacional por esses problemas. No Brasil existe também um movimento conservacionista razoavelmente estabelecido. A 1ª Conferência Brasileira de Proteção à Natureza foi realizada no Museu Nacional em 1934, seguida, três anos depois, pela criação do primeiro Parque Nacional Brasileiro, na região de Itatiaia (RJ). No ano de 1958 foi estabelecida a Fundação Brasileira para a Conservação da Natureza e na década de 1980 foram fundados inúmeros grupos com o mesmo objetivo em diversas capitais e cidades do interior.

Os esforços desses grupos conservacionistas são altamente meritórios e ajudam a contrapor as tendências destrutivas da economia industrial de crescimento. É importante considerar, no entanto, que esse tipo de luta não implica a apresentação de um projeto alternativo global para a transformação da sociedade, pois os conservacionistas estão preocupados apenas em criticar os aspectos da estrutura socioeconômica que possuem impacto destrutivo direto sobre a natureza, não se ocupando em questionar aqueles aspectos que não dizem respeito diretamente a essa questão.

O ecologismo

Além desses grupos conservacionistas, que se preocupam exclusivamente com a proteção à natureza, tem surgido no interior do movimento ecológico grupos de um novo tipo, que têm sido chamados de ecologistas. Na prática, a linha divisória entre esses dois tipos de grupos nem sempre está bem demarcada, pois muitas vezes eles se confundem em alguma luta específica comum. Por outro lado, e isso contribui para aumentar a confusão, existem vários grupos que começam com uma atitude puramente conservacionista e vão assumindo de maneira gradual uma postura ecologista. O fato inegável, porém, é que o surgimento da perspectiva ecologista tem aberto caminhos novos e extremamente ricos para o movimento ecológico, e basta conhecer a sua natureza para perceber o porquê desse fato.

Os grupos ligados ao ecologismo são também conservacionistas, ou seja, desejam a maior conservação possível dos ambientes naturais e lutam por ela. A diferença consiste, porém, em que seus objetivos não se limitam à "defesa da natureza", penetrando também no questionamento do sistema social como um todo, inclusive naqueles aspectos que aparentemente não dizem respeito ao problema da destruição ambiental.

O ecologismo nasce da percepção de que a atual crise ecológica não se deve a "defeitos" setoriais e ocasionais no sistema dominante, mas é consequência direta de um modelo de civilização insustentável do ponto de vista ecológico. Dessa forma, o ecologismo coloca que apenas uma mudança global nas estruturas econômicas, sociais e culturais pode encaminhar uma solução para a atual crise ambiental. Mais ainda, o ecologismo se desloca também da perspectiva conservacionista ao colocar como objetivo não apenas a resolução da crise ambiental, como também a da própria crise social. Em outras palavras, ele considera o modelo dominante não apenas ecologicamente insustentável como também socialmente injusto. A política ecologista, portanto, não se preocupa apenas em garantir a sobrevivência da espécie humana, mas sim em garantir essa sobrevivência pela construção de formas sociais e culturais que permitam a existência de uma sociedade não opressiva, igualitária, fraterna e libertária.

José Lutzenberger nos dá uma analogia sugestiva para entendermos o movimento ecologista: suponhamos que exista uma enorme e moderna autoestrada que nos conduz a um abismo. A partir do momento que nos conscientizamos desse fato devemos abandonar essa autoestrada, pois sabemos para onde ela nos conduz. Além de denunciarmos esse destino, devemos partir para a criação de estradas paralelas que nos conduzam a outras direções. Estradas diferentes, talvez não tão vistosas, mas sem dúvida mais leves, mais humanas, mais equilibradas com a paisagem. Devemos, principalmente, mostrar que, ao contrário do que pretende a ideologia dominante, aquela autoestrada não é o único caminho, nem é o que nos conduz à felicidade coletiva, a convivência, a solidariedade e a liberdade. Nele estaremos sempre sob o domínio do fetiche do crescimento pelo crescimento, do trabalho alienado, do ambiente degradado e do fechamento do universo cultural e político para a criatividade individual e coletiva.

Essa autoestrada é a sociedade urbano-industrial calcada no gigantismo e na ideologia do crescimento, e é diante dela que o ecologismo assume a sua disposição de criar caminhos alternativos.

O ecologismo não é uma doutrina, mas sim uma atitude de vida. Uma busca construtiva de transformar para melhor a vida dos homens e o seu relacionamento com a natureza. Ele é um projeto político e filosófico novo, que só muito recentemente começou a delinear com mais clareza seus objetivos. Esse delineamento, contudo, não é feito de forma rígida, admitindo e estimulando variações no sentido de adaptá-lo a cada realidade concreta.

Esse projeto não está sendo escrito por ninguém em especial, mas está nascendo da reflexão e da prática de inumeráveis grupos e pessoas em todo o mundo,

que percebem que estamos diante de uma crise única na civilização, a qual exige a invenção de um novo caminho. Esse projeto vai assumindo também uma realidade concreta, à medida que experiências vão sendo realizadas em inúmeros lugares para demonstrar a viabilidade prática dos seus princípios. Experiências com novas formas de tecnologia, de vida comunitária, de educação, de relações econômicas etc.

Os grupos e indivíduos que mencionamos acima chegaram à perspectiva ecologista por diversos caminhos. Alguns deles viveram intensamente o espírito de rebeldia dos anos 1960, o movimento *hippie,* a contracultura, o maio de 1968. Outros vieram do movimento ecológico tradicional, do pacifismo, do feminismo, de grupos espirituais, das lutas políticas pela transformação social e de muitos outros campos. Houve também os que chegaram ao ecologismo pela reflexão acadêmica nos seus campos específicos de conhecimento: economistas, biólogos, filósofos, sociólogos, médicos etc. De maneira gradual esses indivíduos e grupos, aparentemente tão diversos, foram percebendo que ocupavam um espaço cultural semelhante no mundo moderno, que seus objetivos se identificavam em claros denominadores comuns, e que da síntese de suas aspirações estava nascendo um novo projeto cultural e social, envolvendo um redirecionamento dos diversos aspectos da vida humana.

Passo a passo esse projeto vai sendo definido e aperfeiçoado em suas várias facetas. Um estímulo nessa direção foi o fato de os ecologistas terem aberto um diálogo com a sociedade em geral, participando inclusive, em alguns países, de listas eleitorais, no sentido de convencer os eleitores de que as suas propostas apresentam uma possibilidade concreta de melhoria na qualidade de vida das sociedades. Esse diálogo levou os ecologistas a um esforço para agrupar de forma mais ordenada e concreta as suas aspirações.

Para elaborar o seu projeto político, os ecologistas têm partido principalmente de uma reflexão sobre a situação presente da humanidade. Além disso, eles têm procurado buscar suas fontes de inspiração em diversos pensadores do passado e do presente. Existe, por exemplo, nas propostas atuais dos ecologistas, uma forte influência da corrente não violenta do pensamento anarquista (Pierre Proudhon, Pietor Kropotkin, Paul Goodman, Herbert Read etc.). O livro *Campos, fábricas e oficinas,* escrito em 1889 por Kropotkin, é um precursor espantosamente atual do projeto ecologista. A influência anarquista no ecologismo está presente também na obra de autores contemporâneos daquela corrente, alguns dos quais assumem uma postura abertamente ecologista, como Murray Bookchin, Colin Ward etc. Outro tipo de influência marcante no pensamento ecologista é a da linha dos pensadores do pacifismo e da não violência que passa por H. D. Thoureau,

J. Ruskin, L. Tolstói, M. Gandhi, Vinoba Bhave, Lanza dei Vasto, Martin Luther King, Dom Helder Câmara etc. Numa perspectiva semelhante, temos também a clara influência de uma linhagem de pensadores liberais e humanistas que se preocuparam em pensar globalmente o futuro da civilização: Albert Schweitzer, Martin Buber, Lewis Munford, Konrad Lorenz, Josué de Castro, Robert Jungk, René Dubos etc. A influência do marxismo no pensamento ecologista advém em quase nada do marxismo ortodoxo dos partidos tradicionais, e sim das ideias de pensadores independentes, que têm buscado fazer uma leitura mais libertária do marxismo, entre os quais podemos citar Herbert Marcuse, Andre Gorz, Rudolf Bahro etc. A esses podem ser somados alguns críticos independentes e radicais da sociedade industrial, como Ivan Illich e Vance Packard. Por fim, teríamos de mencionar a influência marcante de vários pensadores que em diversos campos da ciência e do conhecimento têm adotado perspectivas globalizantes e voltadas para a libertação social e psicológica dos homens. Nomes como Wilhelm Reich, Alan Watts, E. F. Schumacher, Ignacy Sachs, Herman Daly, Gary Snyder, Fritjof Capra, Theodore Roszak, Edgar Morin, René Dumont, Robin Clarke, Gregory Bateson, Paolo Soleri e mais uma enorme lista que não há como delimitar aqui. São educadores, médicos, físicos, filósofos, economistas, artistas, engenheiros etc., todos envolvidos na busca de novos caminhos, de novas estratégias de vida.

O projeto ecologista não depende de nenhum dos pensadores mencionados anteriormente. Ele está, no entanto, sendo construído a partir de muitas das indicações fornecidas por pessoas como as que acabamos de citar. O foco central da sua elaboração, contudo, são os milhares de pessoas comuns em todo o mundo que têm participado diretamente na elaboração e na implementação prática das alternativas, que estão vivas e querem continuar a viver, que não querem ser parte da crise e sim da sua solução. Não é por acaso que o programa dos ecologistas franceses para as eleições de 1981 teve exatamente esse nome: "O Poder de Viver".

Existe um motivo histórico profundo para encararmos com a maior seriedade os esforços que vêm sendo feitos para a elaboração do projeto ecologista, e ele se prende às previsões que estão sendo formuladas sobre o futuro próximo da humanidade. À medida que a crise social e ecológica for se agravando, e problemas como a degradação das cidades ou a falta de energia e alimentos forem se tornando incontroláveis, alguns futurólogos têm feito sombrias previsões. Uma delas é que o aumento das contradições ambientais e da escassez de recursos naturais pode levar a um crescimento do controle autoritário sobre a sociedade. Coisas como limitação forçada do número de filhos, racionamento total do acesso aos bens naturais etc. são algumas das

possibilidades que podemos começar a visualizar não apenas em obras de ficção científica como também em acontecimentos retratados nos jornais de cada dia. O risco real da aplicação futura desse tipo de política é extremamente sério e nada tem de fantasioso. Tanto que cientistas políticos europeus já cunharam um nome para denominá-la: "ecofascismo", a racionalização do uso dos recursos naturais pelo controle disciplinar total sobre o corpo social.

Nosso objetivo não é cair no lugar-comum apocalíptico, mas é importante considerar que as informações sobre a atual crise ecológica não são fantasias românticas e sim dados muito bem fundamentados. O futuro hoje não parece nada róseo, e é preciso urgentemente abrir o debate sobre as possíveis alternativas. A utopia hoje não está em acreditar que podemos seguir caminhos diferentes, mas sim em crer que poderemos seguir por muito mais tempo o atual caminho. Por isso é importante que se discuta desde já a questão da sobrevivência e das condições políticas pelas quais ela possa ser assegurada. Não devemos esperar que uma situação catastrófica de crise generalizada possa conduzir a soluções autoritárias do tipo "ecofascista". Nesse contexto é essencial que as teses ecologistas sejam debatidas atentamente pela sociedade. O projeto ecologista representa uma estratégia de sobrevivência que nega de modo radical o "ecofascismo". Ele não acredita que a solução pode advir da coerção externa e parte da premissa de que os homens podem se auto-organizar politicamente de forma a construir alternativas para a crise ecológica que se baseiem no respeito à liberdade e aos direitos do homem. Ele parte do princípio de que toda a crise representa ao mesmo tempo um risco e uma oportunidade.

A ecologia nos mostra a dimensão dos riscos que estamos correndo, cabe a nós construir as oportunidades.

UM MUNDO NADA RESPIRÁVEL: A CRÍTICA ECOLÓGICA À CIVILIZAÇÃO URBANO-INDUSTRIAL

A ideologia do crescimento: impacto ambiental e custos sociais

Se examinarmos a história das ideologias, vamos encontrar inúmeros exemplos de ideias e visões de mundo que atingiram, em determinadas épocas e lugares, um alto grau de aceitação geral e aparência de verdade, sendo cristalizadas na consciência coletiva como verdades evidentes e naturais.

Com o passar do tempo, porém, por meio da própria dinâmica da mudança histórica, surgiram sempre elementos para contradizer muitas dessas verdades oficiais, demonstrando que elas não eram tão "evidentes" assim e que seu predomínio se devia menos à sua veracidade intrínseca do que ao fato de servirem às es-

Um mundo nada respirável.

truturas de dominação social, cultural e econômica que definiam a ordem social daqueles períodos históricos.

Nos dias de hoje podemos perceber a existência de uma ideologia extremamente difundida, elevada quase à categoria de dogma. Ela é aceita por regimes de direita e de esquerda, por governos de países ricos e pobres, e está na base de quase todas as políticas econômicas postas em prática no mundo atual. Trata-se da ideologia do "crescimento ilimitado", que diz que o crescimento acelerado e sem limites da produção material não só é possível e necessário, como também define o próprio nível de "progresso" de um país. É a partir dessa ideologia que se estabelece a visão linear e reducionista que classifica os países em "desenvolvidos", "subdesenvolvidos" e "em desenvolvimento", de acordo basicamente com o nível quantitativo da sua produção material, quase nunca levando em conta a qualidade humana e o tipo de distribuição social dessa produção.

Um exemplo típico dessa mentalidade é o próprio índice consagrado para medir o desenvolvimento econômico, o PNB (Produto Nacional Bruto). Esse índice registra apenas a criação positiva de produção econômica, não levando em conta sua natureza social ou seus efeitos sobre o ambiente. Assim, por exemplo, a derrubada comercial de uma floresta ou a exploração até o esgotamento de um poço de petróleo são contabilizadas no PNB apenas como criação positiva de riqueza, sem que se desconte a perda definitiva de bens naturais de valor incalculável. É uma situação semelhante à de um homem que encontrasse um tesouro e fosse gastando rapidamente o seu conteúdo, sentindo-se cada vez mais rico por isso, quando, na verdade, a cada dia que passa o tesouro diminui e ele se encontra mais pobre. Por outro lado, o índice do PNB é meramente quantitativo, não se preocupando com a qualidade social do que está sendo produzido. Um episódio lamentável como a guerra das Malvinas, por exemplo, contribui para aumentar o PNB em diversos países, na medida em que estimula a produção de armamentos, meios de transporte, medicamentos etc. Um homem leviano que esbanja seu dinheiro em futilidades consome muitos supérfluos, causa bastante impacto ambiental negativo e gera muito mais PNB do que um homem frugal, um homem que se dedica ao cultivo da arte, à ciência e ao serviço humanitário. Esse índice, portanto, simboliza bem a ideologia do crescimento que lhe serve de suporte: uma preocupação exclusiva em crescer e produzir, independentemente de para que e para quem se dará esse crescimento.

O consenso entre os ecologistas é que a crise mundial pela qual estamos passando conduz a um questionamento profundo da ideologia do crescimento como um todo. É necessário analisar sua origem histó-

rica e os interesses sociais e culturais que a alimentam. É necessário também questionar tanto o problema de ser o crescimento ilimitado possível (se existem bases materiais na natureza para sustentá-lo), quanto o de ser ele desejável (se seus resultados em termos de eficiência e custos sociais justificam a sua validade).

Quanto à questão das bases materiais, a resposta é cada dia mais clara. Os dados ecológicos demonstram que as premissas mesmas da ideologia do crescimento estão equivocadas. Não é possível uma economia de crescimento ilimitado num planeta finito e de recursos limitados. Não existe um estoque infinito de matérias-primas para alimentar por tempo indeterminado o atual ritmo da produção. Os recursos renováveis não têm poder para se autorreproduzir na velocidade exigida pela lógica do crescimento acelerado. Os ecossistemas não têm capacidade para absorver indefinidamente os detritos gerados pela sociedade industrial, sob a forma de lixo, poluição etc. Essas contradições básicas fazem com que o modelo não seja sustentável a longo prazo. Mais cedo ou mais tarde ele conduz ao colapso ecológico.

A crítica ecológica, contudo, não se restringe a essa constatação. Sua análise penetra nos diversos aspectos da sociedade industrial de crescimento, questionando sua evolução histórica e suas consequências no campo social.

Antes de entrarmos nessa análise, porém, é necessário esclarecer que os ecologistas não são contra qualquer tipo de crescimento, mas sim contra uma determinada concepção de crescimento, que é praticamente hegemônica nas atuais sociedades urbano-industriais. A expressão "economia de crescimento", desta forma, não se refere aqui a qualquer tipo de economia que cresça, mas sim ao modelo histórico do capitalismo industrial, que tem no crescimento e na acumulação de capital a base da sua existência. Assim, os ecologistas não são favoráveis à estagnação e inimigos do "progresso". A questão está justamente em discutir a noção de progresso, não aceitando que a ideologia do crescimento capitalista se autoidentifique como único caminho para atingi-lo.

É necessário, levando-se em conta o conjunto dos fatores ecológicos e sociais, definir que tipo de crescimento pode ser considerado socialmente desejável e ecologicamente sustentável. O crescimento coletivo da cultura, da educação, do prazer e alegria de viver, por exemplo, é desejável e não necessita possuir limites ecológicos, uma vez que se refere basicamente a riquezas não materiais. O crescimento regulado da produção social, por outro lado, voltada para a satisfação das necessidades humanas, é necessário e desejável, sendo incompatível com a manutenção do equilíbrio ecológi-

co, desde que em seu planejamento e execução se tenha sempre em mente a questão ambiental.

O problema é que o modelo de crescimento que estamos criticando, além de ignorar a existência de limites ecológicos, não cresce em função das necessidades humanas e sim de sua própria dinâmica interna, pois o crescimento é para ele um fim e não um meio. Ele tem no crescimento a base do seu funcionamento e se utiliza de qualquer artifício para mantê-lo. Como a natureza é a fonte de onde se retiram os recursos para alimentar essa fome de crescer, não é difícil perceber o impacto ambiental que esse modelo acarreta. E surge então a "crise ecológica".

Para entender a natureza dessa crise, portanto, é necessário termos uma visão clara da estrutura de funcionamento da economia de crescimento e de sua origem histórica.

Esse modelo econômico e a ideologia que lhe serve de base têm sua origem histórica ligada ao processo de surgimento do capitalismo e da sociedade urbano-industrial nos séculos XVIII e XIX. A liberação das forças produtivas proporcionada pelo industrialismo e pelas novas descobertas tecnológicas estabeleceu na mentalidade coletiva de então uma tendência a ver positivamente os resultados do crescimento industrial. Essa tendência, compartilhada inclusive pela maioria dos pensadores socialistas, foi estimulada de todas as formas pela ordem capitalista que então se estabelecia, pois, sendo o crescimento industrial parte essencial de sua estrutura, por meio desse eixo ideológico ela poderia buscar sua legitimação, apresentando-se como instrumento do progresso humano.

Mas por que essa simbiose entre crescimento e capitalismo? Por que "crescer ou desaparecer" é uma das suas leis básicas? Podemos entender um pouco essa relação, de forma simplificada, através do seguinte raciocínio: na competição do mercado capitalista, que existe mesmo no chamado capitalismo monopolista, uma empresa necessita de taxas de lucro crescentes para financiar os gastos relativos à sua expansão e renovação técnica, pois são esses dois elementos que irão garantir a sua posição no mercado. Estabelece-se assim um círculo vicioso em que a expansão do mercado é fundamental para assegurar taxas de lucros crescentes, as quais, por sua vez, irão financiar o investimento técnico necessário para reproduzir e ampliar o mesmo mercado.

Manter taxas de lucro crescentes, portanto, é uma questão essencial para uma empresa no sistema capitalista, especialmente devido à existência de uma tendência natural nessa economia, que não cabe explicar aqui, de queda geral nas taxas de lucro.

Defrontada com essa tendência estrutural, a economia capitalista desenvolveu, desde o início, uma

série de artifícios destinados a assegurar o aumento crescente dos lucros. Os dois artifícios clássicos foram os de aumentar ou a quantidade ou o preço dos produtos fabricados. Essas duas medidas, contudo, sempre se chocaram com limitações externas ao produtor capitalista, como a capacidade aquisitiva limitada dos consumidores, o nível da demanda real etc. Por isso foram sendo desenvolvidos artifícios mais sutis, que foram se incorporando gradualmente nas estruturas do capitalismo industrial.

Um desses artifícios, por exemplo, é a "obsolescência planejada", que consiste em diminuir propositadamente (ou, pelo menos, não aumentar) o tempo útil dos produtos, de forma a forçar a renovação constante do seu consumo. Assim, podemos perceber claramente a redução na durabilidade de diversos produtos como, por exemplo, os eletrodomésticos. O símbolo maior dessa mentalidade, no entanto, são os produtos e embalagens descartáveis, do tipo "use e jogue fora", que, a pretexto de maior comodidade, criam na verdade um fluxo mercantil esbanjador e lucrativo. Essa obsolescência planejada, porém, não é apenas material. Existe também toda uma obsolescência cultural, fabricada em grande parte pelos veículos de propaganda que ditam mudanças na moda e nos costumes, manejando a renovação do mercado consumidor.

Outro artifício utilizado, e que se constitui mesmo numa tendência inerente ao capitalismo, é o de aumentar cada vez mais os espaços mercantilizados nos diversos aspectos da vida humana. Situações que antes eram tratadas no âmbito da família e da comunidade passam a ser objeto de troca mercantil. Dessa forma, o homem atomizado pela civilização industrial perde cada vez mais sua autonomia, sua polivalência, sua capacidade de resolver seus problemas comunitariamente, e passa a ter de pagar, com o dinheiro ganho pela venda do seu trabalho, quem cuide da sua saúde, de seu lazer, da sua comida, da sua psique. Atividades humanas, as mais simples, passam a ter o seu substituto industrial (como a famosa "máquina de escovar dentes") e até o contato com a natureza, quando existe, passa a ser em grande parte privatizado por hotéis, clubes de campo etc.

Por fim, temos um artifício bastante antigo, e que de certa forma está ligado aos dois anteriores, que é o da "produção opulenta". Essa consiste na produção de artigos cada vez mais caros e sofisticados para atender ao consumo privilegiado das elites. A produção opulenta assegura o crescimento da produção capitalista e de sua lucratividade sem representar um aumento real nas satisfações sociais e no bem-estar coletivo.

A análise desse tipo de produção é muito importante para países como o Brasil, que tem passado

por um processo de aumento acelerado na produção industrial sem diminuir o estado de pobreza da maioria da população. Um dos motivos desse fato é que a produção tem sido dirigida para atender ao consumo, bastante sofisticado, da minoria da população que tem a renda concentrada em suas mãos. No caso de um país com a dimensão demográfica do nosso, essa camada minoritária atinge um peso numérico considerável. Assim, os 20% mais ricos, que detêm 70% da renda nacional, representam um mercado de mais de 24 milhões de pessoas, o suficiente para garantir qualquer processo de industrialização.

É importante ter em mente, contudo, que esse tipo de produção não faz do Brasil um país realmente desenvolvido (no sentido em que falava Paulo VI: "o desenvolvimento deve ser do homem todo e de todos os homens"). O crescimento industrial voltado para a produção opulenta é o que vem sendo chamado de um "mau desenvolvimento". Ele cria uma falsa impressão de progresso e agrava, ao invés de atenuar, os problemas sociais, urbanos e ambientais. Ele dilapida recursos naturais que deveriam ser utilizados para o verdadeiro avanço do bem-estar coletivo.

O conjunto das características delimitadas acima faz com que a economia de crescimento possua, ademais do impacto ambiental negativo, uma série de contradições no que se refere à sua eficiência e consequências sociais.

O primeiro ponto diz respeito especialmente à questão da contraprodutividade, ou seja, o limite a partir do qual uma estrutura se torna cada vez menos eficiente e passa a consumir, mais do que a gerar, energia. Suponhamos, por exemplo, que todos os veículos de uma cidade passassem a se locomover a mais de 300 km/h. Isso não representaria um ganho de velocidade, mas sim um enorme caos no sistema de transportes. De forma análoga, o crescimento de uma estrutura, a partir de um certo limite, acaba por torná-la contraprodutiva.

Essa contraprodutividade está sutilmente arraigada nas estruturas gigantescas da sociedade industrial. Assim, o custo de manutenção de uma megalópoles é cada vez mais exorbitante, ultrapassando, muitas vezes, a renda por ela obtida. O uso maciço de agentes químicos na moderna agricultura acaba por tornar o solo cada vez mais pobre e dependente de maiores quantidades desses mesmos agentes. E são cada vez mais preocupantes nos Estados Unidos as estatísticas sobre a iatrogenose, doenças geradas pelos efeitos colaterais do próprio tratamento médico industrializado.

O mais terrível disso tudo é que, de certa forma, a economia do lucro tende a viver de sua própria contraprodutividade. Por exemplo, a indústria agroquími-

ca necessita de pragas e solos pobres, e os obtém pelas próprias consequências ecológicas da sua aplicação. A indústria médica necessita de doentes e os obtém pelo próprio modo de vida artificial da sociedade moderna. É o "círculo infernal" de que nos falam alguns ecologistas: uma economia que se alimenta dos seus próprios desequilíbrios. Esse processo, no entanto, não pode se dar indefinidamente. De tal forma que já existem estudiosos a falar de um provável "colapso do grande sistema", quando os desequilíbrios cheguem a tal ponto que não possam mais ser contidos pelas estruturas que têm por função reabsorvê-los nos mecanismos da sociedade industrial.

Mas, além da questão da eficiência, existem sérias consequências sociais a depor contra o modelo que estamos criticando. Um ponto que costuma ser levantado é o fato de ele se basear na privatização dos benefícios e na distribuição dos custos sociais da produção. Isso é visível, por exemplo, no caso da poluição do ar, que, nascendo muitas vezes da produção industrial voltada para uma minoria, atinge em suas consequências toda a sociedade e, muito especialmente, por ironia, os trabalhadores dos bairros industriais, que muitas vezes não terão acesso aos produtos que fabricam. Isso demonstra, aliás, que a preocupação ecologista não deve ser considerada uma questão elitista. Os mais pobres são os que recebem com maior impacto os efeitos da degradação ambiental, com o agravante de não terem acesso a condições favoráveis de saneamento, alimentação etc. e não poderem se utilizar dos artifícios de que os mais ricos normalmente se valem para escapar do espaço urbano poluído (casas de campo, viagens etc.).

Poderíamos listar aqui muitos outros custos sociais da sociedade industrial de crescimento: a degradação do espaço natural e do ambiente urbano, a fragmentação e perda de criatividade no trabalho, a mercantilização de espaço de lazer, a perda de autonomia e vivência comunitária etc. O reflexo de todos esses custos sociais é o aumento da violência, das doenças mentais, do desemprego, do desenraizamento cultural e de tantas outras situações frustrantes com as quais convivemos diariamente.

Diante desse quadro, os defensores da sociedade de crescimento não possuem muitas opções para responder às críticas recebidas. No que se refere à degradação ambiental, visível demais para ser negada, sua única opção é manifestar otimismo pelas soluções que a tecnologia certamente encontrará um dia, ou então criticar o exagero dos ecologistas, apresentando dados mais suaves. Acontece, porém, e isso é um conceito para termos sempre em mente, que a discussão sobre números não derruba os argumentos ecologistas. Se o tempo de existência das reservas de um mineral é de

cem a duzentos anos não faz a menor diferença, ante a evidência de que ele vai se esgotar. Desviar a questão do essencial não vai resolver o problema.

Quanto às críticas de natureza social, contudo, os defensores do modelo argumentam que o industrialismo aumentou o nível de vida das massas nos países desenvolvidos. Esse argumento merece ser examinado com atenção. Inicialmente os ecologistas não têm por que negar os aspectos em que ele possa representar alguma verdade. Não há por que renunciar aos benefícios do industrialismo naqueles pontos em que ele realmente contribuiu para livrar o homem da pobreza e da escassez. E uma sociedade ecológica não deixaria de utilizar a produção industrial onde ela fosse necessária.

A afirmação da melhoria de vida das massas, no entanto, apenas em parte é verdadeira. O que aconteceu, de fato, é que nos países capitalistas avançados, ao lado da produção opulenta, foi possível estabelecer o que alguns chamam de "modernização da pobreza", ou seja, condições históricas peculiares permitiram que nesses países se acumulasse uma quantidade imensa de capital e energia, fato que tornou possível aumentar o poder aquisitivo das massas e expandir para o seu consumo produtos que antes eram privilégio das elites, como o automóvel, a televisão etc. Esse processo não eliminou a desigualdade material, pois à medida que um produto era "democratizado", surgiam outros mais sofisticados para diferenciar o consumo dos mais ricos.

E aqui surge o argumento ecológico central de crítica a esse modelo. Essa sociedade industrial avançada, na qual as massas consomem bastante e as elites mais ainda, só se tornou possível devido a uma brutal apropriação dos recursos naturais do planeta. Assim, os Estados Unidos, que possuem cerca de 7,5% da população mundial, consomem cerca de um terço dos recursos não renováveis e 37% da energia produzida no mundo anualmente. Mesmo que esse modelo conduzisse a um aumento real na felicidade e na autorrealização das populações desses países, o que é mais do que questionado por inúmeros analistas sociais, ele não poderia ser exportado. Simplesmente não existem recursos no planeta para sustentar a expansão do nível de consumo material de um país como os Estados Unidos para o resto do mundo. Além disso, a situação histórica é completamente outra. A recente aplicação do modelo de industrialização capitalista no Brasil, por exemplo, não tem levado a um aumento no padrão de vida das massas, mas sim a uma crescente concentração de renda e perda de poder aquisitivo dos trabalhadores.

O caminho que se abre aos países do Terceiro Mundo, portanto, não é o de tentar repetir o modelo dos países capitalistas avançados, mas sim o de inventar um novo caminho socioeconômico, que seja susten-

tável ecologicamente e promova o bem-estar social de suas populações. Além disso, é fundamental lutar por uma nova ordem econômica mundial, que garanta a distribuição equitativa dos recursos naturais da Terra, impedindo, como ocorre hoje, a concentração do seu uso pelos países industriais avançados.

Diante das questões que foram colocadas nos parágrafos anteriores, resta comentar um último ponto que deve ter chamado a sua atenção, leitor atento. Apesar de relacionar as bases da economia de crescimento com o modelo histórico do desenvolvimento capitalista, os ecologistas não chegaram a apontar os países industriais ditos socialistas como uma alternativa histórica a esse modelo. Por quê? Essa é uma questão complexa, que não pode ser resolvida em algumas linhas. O fato, porém, é que, excetuando algumas experiências ocasionais, podemos constatar que o mundo do chamado "socialismo realmente existente" não mudou de modo substancial os padrões de tecnologia, organização e remuneração do trabalho, estrutura monetária e até a ordem jurídica e moral criados no Ocidente sob o signo do capitalismo. A meta do crescimento acelerado continuou a ser o motor da economia, e os resultados ecológicos foram igualmente desastrosos. A estatização dos meios de produção reduziu a ganância privada, mas os interesses estatais não se mostraram mais sensíveis à destruição do meio ambiente, com o agravante de a ausência de liberdade de expressão restringir o espaço de denúncia pública que, no Ocidente, apesar dos pesares, é tão fundamental para fazer frente aos problemas ecológicos e sociais.

O pensamento ecológico é, de certa forma, bastante materialista. Ele está mais preocupado com a ação concreta das estruturas sociais no mundo real do que com a maneira ideológica pela qual elas se autodefinem politicamente. A tecnologia e a organização das relações produtivas não são elementos neutros. Eles estão condicionados pela ordem sociocultural que lhes deu origem. Do ponto de vista do modelo de civilização, portanto, todas as sociedades industriais, inclusive as ditas socialistas, seguem, com algumas variantes, o mesmo modelo, que é o modelo histórico do crescimento capitalista.

A tecnologia dura

Tecnologia significa basicamente o conjunto dos saberes práticos, métodos e técnicas de que alguém se utiliza para atingir um determinado objetivo. Significa os meios de se chegar a um determinado fim. Ao longo da história, essa capacidade de criar técnicas e instrumentos, fabricando seus próprios meios de vida, tem sido uma das características mais marcantes da espécie humana.

Não devemos pensar, contudo, que a evolução da tecnologia usada pelos homens se deu através de um processo linear e uniforme, que não admitiu variações. Na verdade não existe uma, mas sim várias tecnologias. Diferentes tipos de sociedade desenvolveram diferentes formas de tecnologia, inclusive para enfrentar situações semelhantes. Mesmo no interior de uma única sociedade cada problema concreto admite diferentes soluções tecnológicas.

O ponto em que queremos chegar é que as opções tecnológicas de uma sociedade não obedecem a uma lógica natural, na qual a tecnologia escolhida é sempre a única possível e viável. A escolha, dentre as várias alternativas possíveis, do tipo de tecnologia que será dominante nessa sociedade é um processo que está intimamente relacionado com a visão cultural e as estruturas socioeconômicas nela vigentes. Opções tecnológicas, portanto, não são opções "neutras", mas sim políticas, sendo condicionadas por mecanismos de poder e interesses de classe. Os setores dominantes de uma sociedade procuram sempre impor, ou pelo menos estimular, aquelas formas de tecnologia que favorecem seus interesses, difundindo, ao mesmo tempo, a ideia de que elas são as mais apropriadas e racionais. Esse processo, que não deve ser entendido mecanicamente, perpassa em nossa sociedade as estruturas educacionais, os centros de pesquisa, os meios de propaganda, os mecanismos de mercado etc.

Vejamos um exemplo concreto: suponhamos que um lavrador pretenda combater uma praga em sua plantação. Ele terá diante de si diversas opções técnicas. Ele pode, por exemplo, pulverizar em toda a plantação algum tipo de praguicida químico, como o DDT, o BHC etc. Nesse caso ele destruirá não apenas a praga, mas também uma série de organismos necessários e benéficos ao equilíbrio daquele ecossistema agrícola, enfraquecendo-o no seu todo. Além disso, ele estará utilizando um produto altamente tóxico, cujos resíduos deverão prejudicar a saúde dos futuros consumidores daquela colheita. Por fim ele estará adotando um método basicamente dispendioso, pois exige a compra de produtos químicos fabricados por um complexo processo industrial. Vemos assim que esse tipo de técnica possui vários inconvenientes. Ocorre, porém, que a decisão de utilizá-la não surgiu do nada na mente do lavrador. A propaganda das grandes indústrias químicas e as informações dominantes nos meios universitários e nas agências oficiais sempre lhe fizeram ver que esse é o método mais lógico, mais moderno e mais eficiente. Será mesmo? A eficiência desses agrotóxicos tem sido cada vez mais contestada. As pragas se tornam resistentes ao seu uso e, o que é pior, muitas espécies de organismos que antes eram inócuas se tornam nocivas pelo desaparecimento dos seus predadores, e outros problemas ecológicos, causados pelo uso dos próprios praguicidas. Assim, o número de espécies de pragas registradas no Brasil passou de 193, em 1958, para 593, em 1976. Mais ainda, o maior aumento no número de pragas foi constatado nas regiões que mais usaram praguicidas. Em nosso país, portanto, essa tecnologia não tem tido uma atuação das mais brilhantes. Não só não conseguiu resolver o problema como o agravou mais ainda.

Se o nosso lavrador tivesse acesso a essas informações, talvez ele se dispusesse a adotar uma postura diferente. Ele poderia, por exemplo, olhar a plantação como um ecossistema complexo, que se tornou desequilibrado por algum motivo. Seu objetivo, portanto, não estaria restrito a destruir a praga, ignorando todo o resto, mas sim seria o de descobrir as causas do desequilíbrio global e os meios para fortalecer a resistência da lavoura e restabelecer sua saúde. Como medidas específicas ele poderia, por exemplo, disseminar na plantação algum organismo que se alimentasse da praga em questão. Esse predador natural se adaptaria aos mecanismos daquele ecossistema, estabelecendo um controle biológico permanente do potencial nocivo da praga. Outra opção seria a feitura, com materiais da própria região, de inseticidas naturais e biodegradáveis, que após exercer seus efeitos se decomporiam no solo da plantação, sem envenená-la nem poluí-la.

Note-se que os dois últimos métodos não são menos "científicos" do que o primeiro. Também se baseiam numa pesquisa acurada (como, por exemplo, na escolha dos predadores naturais adequados). Suas premissas, contudo, são basicamente diferentes: eles procuram cooperar com os mecanismos do sistema natural, em vez de tentar dominá-los pela agressão.

A primeira opção é um típico exemplo do que os ecologistas chamam de tecnologia "dura" ou "pesada", e as outras duas exemplificam o que vem sendo chamado de tecnologia "doce", "leve", "suave", "ecológica" ou "alternativa".

A tecnologia dura é um reflexo da sociedade capitalista de crescimento. Ela nasceu e se desenvolveu segundo os princípios do modelo socioeconômico que a patrocinou. Ela traz arraigados em suas estruturas os interesses e as prioridades desse tipo de produção. Poderíamos definir, a partir de uma lista formulada pelo professor Robin Clarke, algumas de suas características básicas nos seguintes pontos: 1) grande gasto de energia e recursos não renováveis; 2) alto índice de poluição; 3) uso intensivo de capital e não de mão de obra; 4) alta especialização e divisão do trabalho; 5) centralização e gigantismo; 6) gestão autoritária da produção; 7) limites e inovações técnicas ditadas pelo lucro e não

por necessidades sociais; 8) conhecimento técnico restrito aos especialistas; 9) prioridade para o grande comércio e não para o mercado local; 10) prioridade para a grande cidade; 11) produção em massa; 12) impacto destrutivo na natureza; 13) trabalho alienado do prazer; 14) numerosos acidentes; 15) tendência ao desemprego; 16) despreocupação com fatores éticos e morais.

Podemos perceber, por essas características, que a tecnologia dura contribui para a destruição ambiental, para o surgimento de injustiças e privilégios sociais e territoriais e para a concentração de poder e de capital.

Por isso, o pensamento ecologista incorporou a lição, divulgada por Gandhi, de que "os fins são os meios", ou seja, a maneira como se faz uma coisa determina a direção aonde se vai chegar. Não se chega a uma sociedade libertária por métodos autoritários (por mais bem-intencionados que sejam...), só se chega a uma sociedade libertária através de métodos políticos libertários. De maneira análoga, a construção de uma sociedade nova exige uma nova tecnologia. Os milhares de experimentos que vêm sendo feitos em todo mundo no campo da tecnologia alternativa visam exatamente a isso: desmistificar a ideia de que a tecnologia dura é a única possível, e demonstrar que outros tipos de tecnologia, mais justos e ecologicamente sãos, podem ser viabilizados na prática, voltados para facilitar e tornar mais feliz e saudável a vida das comunidades humanas.

Quando falamos em tecnologia alternativa não estamos falando apenas em instrumentos e formas de energia diferentes, mas sim em toda uma nova maneira de entender a escala e o esquema de funcionamento das atividades técnicas. A tecnologia é, no fundo, uma forma de relação social.

Vejamos um exemplo: grande parte das experiências em tecnologia suave se baseiam na captação da energia solar. Essa mesma energia, entretanto, pode também ser captada através da tecnologia dura, gerando impacto ambiental negativo. Se o esquema de captação solar adotado for centralizado, baseado na construção de gigantescos painéis fotovoltaicos, a produção de energia para uma cidade de 1 milhão de habitantes exigiria a ocupação de um quadrado de 10 km de lado para servir de área para os painéis. Essa área seria uma agressão à paisagem, um deserto estéril para a produção agrícola. Se isso é verdade para uma cidade de 1 milhão de habitantes, podemos imaginar quantas áreas seriam inutilizadas para abastecer de energia solar as grandes cidades do mundo. O fornecimento de energia solar a partir de premissas ecologistas seria bem diferente. Seria feito em esquema descentralizado, com pequenos painéis adaptáveis ao telhado das construções, sem prejuízo para o ambiente e sem concentração de poder

e hegemonia do fornecimento dessa energia, nas mãos de quem quer que seja.

Outro exemplo é o da produção de álcool combustível. Para o projeto ecologista é fundamental substituir as fontes não renováveis de energia por fontes renováveis. Dessa forma, o uso do álcool tornou-se uma solução energética interessante. Da maneira como está sendo implantado, no entanto, o Programa Brasileiro do Álcool – Proálcool gerou sérios problemas sociais e ambientais (essas duas coisas, aliás, andam sempre juntas). Primeiro porque incentivou a monocultura da cana, invadindo terras que antes produziam alimentos. Segundo porque privilegiou as grandes usinas, concentrando em poucas mãos os financiamentos e subsídios. Terceiro porque, nesse esquema centralizado, a produção de fertilizantes a partir do vinhoto (resíduo tóxico gerado em grande escala na produção do álcool) se tornara antieconômica, exigindo pesados gastos para sua conversão e transporte. O vinhoto, que é altamente poluente, era lançado, assim, nos rios, causando violenta contaminação.

Um programa ecologista do álcool poderia se basear em um planejamento feito a partir de um zoneamento territorial que definisse as áreas mais apropriadas, ecológica e socialmente, para sua implantação. Seria feito de forma descentralizada, com miniusinas abastecendo espaços regionais, de forma que o álcool não precisasse ser transportado a longas distâncias. O vinhoto seria convertido em fertilizante na própria região, abastecendo de forma efetiva os espaços agrícolas integrados ao projeto. Toda pesquisa seria direcionada para aprimorar formas limpas e eficazes de extrair o álcool, e sua distribuição seria feita segundo critérios de utilidade social.

Não haveria espaço neste livro para comentarmos todas as consequências negativas do uso da tecnologia dura, que apenas refletem as contradições inerentes ao sistema que a patrocina, nos diversos campos em que ela é utilizada, tais como medicina, transportes, indústria, serviços urbanos etc. Pelo que já foi dito, entretanto, podemos perceber que sua lógica e seus efeitos são sempre autoritários e ecologicamente negativos. A conscientização desse fato tem levado em todo o mundo a uma crescente mobilização contra o seu uso, especialmente contra o seu símbolo mais expressivo no mundo moderno: a tecnologia nuclear.

O desequilíbrio demográfico

Uma outra questão crucial que a crítica ecológica tem levantado em relação ao atual modelo de civilização é o problema do desequilíbrio demográfico. Para entendê-lo de forma crítica e lúcida, contudo, é necessário antes de mais nada pôr à mostra as manipulações ideológicas para as quais ele tem servido de pretexto, a começar pelas formulações que colocam o crescimento demográfico como a causa dos problemas ambientais e da pobreza no Terceiro Mundo.

Existe, é óbvio, uma relação natural entre o crescimento da população e a pressão sobre os recursos naturais. Quanto maior for a população, maiores serão os recursos necessários para alimentá-la, abrigá-la etc.

Acontece, porém, que o consumo dos recursos não se dá de forma uniforme em todo o planeta. Calcula-se, por exemplo, que cada criança que nasce nos Estados Unidos consome em média o equivalente a cinquenta crianças indianas. Dessa forma, antes de haver um problema demográfico, existe uma brutal desigualdade nos padrões de consumo e na apropriação dos recursos naturais do planeta, e as raízes históricas dessa desigualdade são as mesmas que explicam o atual nível de pobreza absoluta no mundo, com dois terços da população mundial vivendo em estado de miséria.

A questão demográfica só pode ser entendida nesse contexto. Ela é um fator de agravamento dessa ordem internacional injusta, na medida em que, paradoxalmente, o ritmo de crescimento populacional é maior nos países pobres do que nos ricos. Por exemplo, na América Central ele é de 3,2% ao ano e na África 2,66%, contra 0,64% na Europa, 0,90% na América do Norte e 0,90% na ex-URSS. O crescimento demográfico tende, portanto, a tornar cada vez mais visível essa apropriação desigual dos recursos. E como esses recursos são ecologicamente limitados, a melhoria na qualidade de vida das populações pobres teria de implicar, necessariamente, a redistribuição do seu consumo mundial. Não é de se espantar, dessa forma, que tantas vozes se levantem para propor o controle da natalidade no Terceiro Mundo e tão poucas para sugerir a diminuição no consumo material supérfluo nos países industriais avançados...

A percepção do uso ideológico dessa questão, no entanto, não anula a gravidade real do problema. Em 1650, por exemplo, havia na Terra cerca de 500 milhões de pessoas. Foram precisos duzentos anos para atingir 1 bilhão, em 1850. Em 1930, contudo, oitenta anos depois, já éramos 2 bilhões. Atingimos 4 bilhões em 1975, com apenas 45 anos de diferença, e devemos atingir os 8 bilhões por volta de 2011, para chegar aos 16 bilhões poucas décadas depois. No ritmo atual, a população mundial cresce a cada hora em 7 200 pessoas, a cada dia em 172 800 e a cada ano em 63 milhões.

Não há como negar que esse seja um sério problema social. Cada duplicação desse tipo representa a necessidade de mais alimentos, empregos, moradia etc. No Brasil, por exemplo, onde a taxa de crescimento populacional é de 2,8% ao ano, o que equivale a um período de duplicação de 25 anos, estaremos pelo ano 2000 com uma população de 207 milhões de pessoas.

Diante dessa realidade os ecologistas buscam adotar uma posição coerente. Apoiam decididamente o controle da natalidade, mas não como uma medida isolada e sim como integrante de um programa mais amplo de modificações nas estruturas sociais de cada país. Esse programa implicaria também uma nova distribuição do uso internacional dos recursos, por meio de uma nova ordem econômica mundial. De toda forma, o problema do crescimento demográfico é mais um argumento decisivo em favor das teses ecologistas, pois sem profundas mudanças na forma de vida da atual civilização será praticamente impossível fazer frente às consequências do aumento da população mundial.

A dilapidação dos recursos naturais

Um dos aspectos mais graves da economia industrial de crescimento é a pressão destrutiva que ela exerce sobre os recursos naturais, que são a base material sobre a qual se estabelece a vida humana. Vimos anteriormente que foi apenas a partir da revolução industrial que a economia passou a se valer cada vez mais do consumo acelerado dos estoques planetários de minérios e combustíveis fósseis, que são recursos não renováveis. Essa nova tendência, contudo, não significou um atenuamento na pressão anterior sobre os recursos renováveis (animais e vegetais, pois continuamos a ob-

servar a crescente extinção de espécies animais e a perda progressiva da cobertura vegetal do planeta. Além disso, a economia de crescimento tem conseguido o que parecia impossível: ameaçar os próprios recursos "livres". Isso porque fenômenos como a poluição em grande escala têm ameaçado tornar escassos recursos, como o ar puro e a água doce, que foram sempre considerados "livres", tal a sua abundância.

Podemos dizer que existe uma hierarquia dos recursos no que se refere à sua importância para a vida humana. Ocupando o primeiro lugar nessa escala encontra-se o AR, com o seu componente básico, que é o oxigênio. Esse elemento é gerado pelo processo da fotossíntese e as fontes de sua produção são bem conhecidas: ele é produzido em pequena escala pelos vegetais presentes em estepes e terras cultivadas, em grau bem maior pelas formações florestais e, em nível extraordinariamente grande, pelo fitoplâncton oceânico, responsável por cerca de 70% do oxigênio que passa para a atmosfera. Todas essas fontes estão sendo ameaçadas pelo atual modelo de civilização. O desflorestamento, por exemplo, tem tido uma progressão assustadora e a vegetação oceânica vem sendo atingida por formas de poluição que reduzem sua capacidade fotossintética.

O problema, porém, não está apenas na destruição das fontes de oxigênio. Existe também uma intensificação do seu consumo pela moderna tecnologia industrial. Um automóvel, por exemplo, consome, ao percorrer mil quilômetros, o equivalente ao consumo de um homem adulto durante um ano. A tecnologia moderna, por outro lado, além de consumir oxigênio, produz em grande quantidade o seu contrapeso natural, que é o gás carbônico. Estima-se que a taxa mundial desse gás aumentou em 15% desde o início do século. A continuação dessa tendência pode provocar sérias consequências, como, por exemplo, o aquecimento da atmosfera terrestre, com o subsequente derretimento de geleiras polares, que causaria maremotos e inundações.

O segundo recurso fundamental para o homem é a ÁGUA. Dos 1,4 milhão de km^3 de água que dominam o nosso planeta, apenas 3% constituem água doce, sendo que três quartos dessa água encontram-se imobilizados em geleiras e neves eternas. O acesso a esse recurso, portanto, é um problema mais sério do que aparenta. Apesar disso, a civilização industrial tem criado uma situação de contaminação e desperdício no uso dessas reservas. A contaminação é causada basicamente pelos dejetos industriais e urbanos, além dos agrotóxicos utilizados na agricultura moderna. Quanto ao desperdício, o mínimo que se pode dizer é que as sociedades industriais são devoradoras insaciáveis de água. Um habitante de um oásis no Saara, por exemplo, usa cerca de três litros de água por dia. Um habitante do Rio de Janeiro gasta em média 450 litros, de Moscou seiscentos litros e de Nova York 1045 litros.

O terceiro recurso fundamental são os SOLOS FÉRTEIS, e para ele pode-se aplicar o mesmo raciocínio utilizado para a água. Da área planetária de 149 milhões de km^2, apenas 30% são potencialmente aráveis. Isso porque o restante se compõe de desertos, áreas glaciais, montanhas incultiváveis etc. O quadro geral é preocupante, principalmente devido ao fato de observarmos uma perda permanente e acelerada de solo fértil.

A primeira causa desse processo é a própria expansão das áreas urbanizadas, estradas, casas de veraneio etc. Em segundo lugar vem o crescimento assustador da erosão, da mineralização, da desertificação e de outras formas de degradação do solo causadas por um manejo agrícola inadequado e pelo uso abusivo de agrotóxicos.

O solo não é um simples arcabouço de matéria morta. Um grama de solo fértil, por exemplo, pode conter 2,5 bilhões de bactérias e 6400 fungos. É essa intensa presença de vida microscópica que impulsiona os processos orgânicos que dão origem ao húmus, a camada fértil existente na superfície dos solos. O desflorestamento, as queimadas e outras práticas impróprias tornam essa camada empobrecida e vulnerável à ação desagregadora das chuvas, do vento etc. No Brasil, o fenômeno da perda de solos é de extrema gravidade. Publicações internacionais admitem como "normais" perdas de 13 a 12 toneladas/hectare/ano. Pesquisas realizadas pelo Instituto Agronômico de Campinas apontam para o nosso país perdas de 25 ton/ha/ano.

O quarto recurso fundamental são as diversas espécies de ANIMAIS e VEGETAIS que habitam nosso planeta. Temos o maior interesse na preservação de todas as espécies, não só porque mesmo a menor dentre elas tem seu papel na manutenção do equilíbrio ecológico, como também porque seu potencial para o homem está longe de ser conhecido. Apesar disso, estima-se que já houve uma redução de 30% na vida dos oceanos e, em 1972, calculava-se que cerca de 280 espécies de mamíferos, 350 de pássaros e 20 mil de vegetais encontravam-se praticamente extintas. A questão não é apenas sentimental; o que está ocorrendo é a dilapidação de um capital genético construído em milhões de anos de evolução natural. Além disso, existe o problema ético do direito de todas as espécies à vida, direito tantas vezes negado pelo nosso antropocentrismo.

Finalmente, é necessário mencionar a dilapidação de um quinto recurso: os MINERAIS e COMBUSTÍVEIS FÓSSEIS. A discussão numérica sobre o tamanho das reservas está em aberto. Em 1974, uma pesquisa coordenada pela dra. Donella Meadows, baseando-se nos melhores dados existentes, dava os seguintes prazos para sua exaustão (supondo que seu consumo continuasse a crescer no mesmo ritmo de então): alumínio – 33 anos, cromo – 115 anos, ferro – 154 anos, chumbo

– 28 anos, manganês – 106 anos, mercúrio – 19 anos etc. De lá para cá alguma coisa mudou. Algumas novas reservas foram encontradas, e a recessão mundial diminuiu o ritmo da produção industrial. Continuamos a ser, contudo, uma civilização calcada nos recursos não renováveis, não importa se por mais cinquenta, cem ou 150 anos. Tendo consciência disso, devemos repensar o futuro desse modelo econômico. Não somos a última sociedade sobre a Terra para basear nossa economia na rapina de estoques não renováveis que são patrimônio comum não só dessa, mas de todas as gerações da humanidade.

A poluição em seus diversos aspectos

A poluição é um fenômeno que pode ser definido como a presença de substâncias ou efeitos físicos estranhos a um determinado ambiente, em quantidade tal que afete o seu equilíbrio, degradando a estrutura de sua composição e do seu funcionamento.

A sociedade urbano-industrial criou cerca de 500 mil substâncias artificiais de efeito poluente diverso. Criou também inúmeros novos tipos de efeito físico (ruídos etc.) que possuem impacto ambiental negativo. Esses não são, entretanto, os únicos agentes poluidores. Na verdade qualquer tipo de elemento, mesmo que não artificial, pode ter efeito poluente, dependendo das circunstâncias e da quantidade em que é lançado ao ambiente.

No que se refere às causas da poluição é muito importante ter em mente a distinção entre duas causas diferentes: a miséria e a opulência. A "poluição da miséria" é causada pela ausência de saneamento e condições decentes de vida e trabalho, e é produzida basicamente por dejetos orgânicos, sujeira etc. A "poluição da opulência" é causada pelas modernas atividades industriais e do setor terciário urbano, tendo como agentes básicos os dejetos químicos e o lixo acumulado pelo consumo/desperdício das elites. Em um país como o Brasil, por exemplo, os dois tipos de poluição aparecem com grande intensidade. Tanto aquela reproduzida por condições degradantes de vida em favelas e áreas interioranas, quanto a gerada por um parque industrial complexo e sofisticado.

Podemos classificar as formas de poluição segundo o tipo de recurso principalmente afetado. Teríamos assim, de início, o problema da poluição do AR. As fontes geradoras desse tipo de poluição são basicamente três: 1) a combustão em motores de carros, aviões e outros tipos de transporte (responsável por cerca de 40% da poluição do ar nas grandes cidades); 2) a combustão em equipamentos estacionários e outros tipos de processos industriais; 3) a queima de lixo sólido. Entre os poluentes mais importantes podemos mencionar o dióxido de carbono, o monóxido de carbono, o dióxido de enxofre e os óxidos de nitrogênio.

A poluição do ar por esses elementos, e outros que não mencionamos, gera inúmeros efeitos negativos. Nos seres humanos, por exemplo, ela pode gerar alergias, afecções respiratórias, afecções cardiovasculares e afecções cancerosas. Também para a saúde dos vegetais e animais ela causa sérios problemas, e até sobre os objetos inanimados ela exerce efeitos corrosivos.

No Brasil, o problema da poluição do ar é bastante grave, tanto nas grandes cidades quanto nas pequenas cidades industriais do interior. Um exemplo tristemente famoso é o de Cubatão (SP), que produz por mês mais de 30 mil toneladas de poluentes do ar. O resultado é que essa cidade possui um dos mais elevados índices mundiais de anencefalia infantil, uma grave doença cerebral, fato que está diretamente relacionado com a poluição do ar.

Outro tipo conhecido de poluição é o da ÁGUA. Suas principais fontes são os dejetos domésticos, os dejetos da produção industrial e os produtos químicos usados na agricultura.

Entre os elementos mais perigosos lançados nas águas por atividades industriais ou de mineração se encontram os metais pesados, como o mercúrio, o cádmio, o chumbo e o arsênico. O caso do mercúrio, por exemplo, é bastante exemplar: esse metal existe de forma inofensiva nas águas marinhas, diluído na proporção de um grama por mil metros cúbicos de água. Em quantidades concentradas, contudo, é um tóxico perigoso, que ataca diretamente o sistema nervoso humano. Apesar disso, ele é utilizado em várias atividades industriais. Por meio dessas atividades ele acaba sendo lançado nas águas e penetra na cadeia alimentar aquática, acumulando-se cada vez em maior grau à medida que os organismos maiores vão se alimentando dos menores. Foi por meio da ingestão de peixes contaminados pelo mercúrio liberado por uma fábrica de papel que inúmeros pescadores morreram intoxicados na conhecida tragédia da Baía de Minamata, no Japão, em 1953.

No Brasil, não estamos longe da ocorrência de semelhantes tragédias. Indústrias de vários tipos têm lançado compostos inorgânicos e metais pesados nas águas brasileiras de forma praticamente impune, causando verdadeiros estragos ecológicos. Basta lembrar a contaminação do rio Subaé (BA) pelo chumbo e pelo cádmio despejados pela Companhia Brasileira de Chumbo (que, apesar do nome patriótico, é uma multinacional ligada ao grupo francês Pennaroya), a contaminação do rio Guaíba (RS) pelos sais de sódio e pela lignina despejados pelas indústrias Riocell e Facelpa, e muitos outros exemplos.

Duas outras formas extremamente graves de poluição das águas são aquelas causadas pelo petróleo e

pelos agrotóxicos. Cerca de 6% do transporte mundial do petróleo é feito por via marítima. O resultado disso é que apenas com a limpeza dos tanques dos navios, sem falarmos nos acidentes, se libera anualmente no mar mais de 1 milhão de toneladas desse produto. Seus resíduos formam na superfície das águas uma fina película que impede a livre oxigenação, causando sérios prejuízos ao sistema ecológico marinho.

Os efeitos ecológicos do uso dos agrotóxicos são também os mais negativos. Após serem aplicados na lavoura, eles penetram nos ciclos naturais da terra e das águas, causando uma série de estragos. Começam matando não só a microfauna do solo como também insetos, peixes, aves e outros animais. Penetrando nas cadeias alimentares eles terminam por atingir o homem, atacando diretamente sua saúde. O DDT, por exemplo, ataca lentamente o fígado, os rins e outros órgãos, sem falar em seus efeitos cancerígenos.

A utilização dos praguicidas no Brasil é feita de modo abusivo e desregulado. Os números não são precisos, mas calcula-se que o volume comercializado no ano agrícola de 1976-1977 foi de 215943 toneladas. Se aceitarmos esse dado, teremos uma média de 4,3 kg de praguicidas por hectare. Outros dados não oficiais, contudo, elevam essa média para 9,1 kg/ha. Além disso, devemos considerar que o uso desses produtos está concentrado na região Sul/Sudeste, o que faz com que nela o índice seja muito mais elevado. Basta um dado para comprovarmos esse fato: no período de 1967-1975, foram registradas em São Paulo 103 mortes e 329 intoxicações provocadas por praguicidas. No Rio Grande do Sul, foram registradas seis mortes e quinhentas intoxicações só no ano de 1975.

Esse problema dos agrotóxicos nos leva a mencionar outro tipo de poluição, que é a do solo. Essa é causada principalmente pelos resíduos do uso de produtos químicos agrícolas. Além disso, o solo pode também ser poluído por atividades como a extração, preparação e fundição de minérios e pelos próprios resíduos das grandes cidades, que poluem com seus detritos extensas áreas de terra, especialmente terrenos baldios, depósitos de lixo etc.

Existem também outras formas de poluição que vêm sendo mencionadas na literatura a respeito, tais como a poluição TÉRMICA, a poluição SONORA e a poluição VISUAL. Não haveria aqui, no entanto, espaço para abordá-las mais detalhadamente. Existe, porém, uma última forma de poluição que é imprescindível comentar: a poluição RADIOATIVA.

A radioatividade é um tipo de poluição imperceptível para os sentidos. Seus efeitos patológicos, no entanto, são os mais terríveis. Ela incide diretamente sobre um dos elementos mais preciosos do corpo humano, seu "código genético". Sua ação pode causar, dessa forma, não apenas câncer e leucemia, como também mutações genéticas que podem ficar incorporadas de

forma subletal no capital genético da espécie, causando estragos hereditários, gerando crianças deformadas por inúmeras gerações.

Três fontes podem ser consideradas básicas como emissoras de poluição radioativa (sem incluir a hipótese de uma guerra nuclear ou os acidentes maiores em usinas atômicas): 1) as explosões atômicas experimentais; 2) a contaminação radioativa do ambiente (especialmente do mar) em volta das usinas e minas de extração de urânio; 3) o "lixo atômico", material altamente radioativo gerado como subproduto do funcionamento das usinas.

O lixo atômico nos fornece trágico exemplo dos perigos a que estamos expostos com o uso da atual tecnologia nuclear. Alguns dos seus componentes têm uma duração de vida tão grande que ultrapassa a casa dos milhares de anos, muito maior que a de qualquer recipiente que possa guardá-lo. Não existe literalmente uma solução tecnológica adequada ao problema de armazená-lo com segurança! Enquanto se discute, porém, a produção de "lixo atômico" continua sem cessar. Até 1980, já havia nos Estados Unidos cerca de 285 mil toneladas em depósito...

UM CAMINHO DIFERENTE, BELO E POSSÍVEL: ELEMENTOS DO PROJETO SOCIAL ECOLOGISTA

A natureza das propostas alternativas

Vimos anteriormente que as décadas de 1960 e 1970 marcaram uma grande expansão no debate e na movimentação social em torno dos temas ecológicos. A dimensão da crise ambiental passou a ser percebida com mais intensidade tanto pela opinião pública quanto nos meios acadêmicos e agências governamentais. O ano de 1972 representou um marco nesse sentido. Naquele ano, realizou-se em Estocolmo a Conferência das Nações Unidas sobre o Ambiente Humano, que oficializou o surgimento de uma preocupação internacional sobre esses problemas. Naquele mesmo ano, um grupo de técnicos do Massachusetts Institute of Technology, sob o patrocínio do "Clube de Roma", um grupo de empresários e intelectuais preocupados com o futuro da civilização, publicou o famoso relatório "Limites do crescimento", no qual se alinhavam inúmeros dados sobre esgotamento de reservas minerais, aumento da população etc., no sentido de demonstrar a inviabilidade da continuação futura do atual modelo de crescimento industrial. Como não podia deixar de ser, esse relatório provocou desde o início uma grande controvérsia, tanto no que se refere à metodologia de suas previsões quanto sobre as motivações políticas que o teriam inspirado. O fato, porém, é que sua publicação teve imensa importância. Divulgando de forma ordenada os dados sobre crise ecológica, ele ajudou a chamar atenção para a gravidade do problema, colocando na defensiva os adeptos da economia de crescimento ilimitado.

Percebendo esse fato, os editores da revista inglesa *The Ecologist* publicaram, também em 1972, e com base nos dados do "Limites do crescimento", um outro documento que marcou época, o "*Blueprint for survival*" (Plano para a sobrevivência), que se constituiu em um dos primeiros programas concretos e coerentes elaborados por ecologistas no sentido de transformar o sistema social de forma a adequá-lo à realidade ecológica. Esse documento foi um dos marcos iniciais da nova tendência que veio a marcar a política do movimento ecológico desde então, que é a de não se limitar a denunciar as consequências negativas do modelo dominante, mas também apresentar propostas concretas, que possam representar alternativas viáveis ao caminho hoje trilhado.

Essa busca de alternativas se deu fundamentalmente em duas direções. De um lado tivemos o lançamento de propostas formuladas pelos grupos e indivíduos que compõem o movimento ecológico, apresentadas através de manifestos, plataformas de ação e documentos representativos de suas aspirações. Por outro lado, também nos meios acadêmicos e nos centros de pesquisa, começaram a surgir propostas, elaboradas por técnicos e intelectuais, no sentido de conter o impacto destrutivo do atual modelo de civilização.

As primeiras propostas deste segundo tipo que foram apresentadas, elaboradas principalmente por técnicos ligados a grandes corporações públicas e privadas, foram as que se referiam à criação de uma "tecnologia ambiental", ou seja, a produção de aparelhos antipoluição, substâncias químicas descontaminantes e outras coisas do gênero. Esse tipo de "solução" foi logo desmistificado pelos ecologistas, pois além de se limitar a combater os efeitos externos do problema, ela seguia a mesma lógica do sistema dominante. É de fato surrealista inaugurar uma nova linha de produção para combater os efeitos do próprio modelo de produção. Trata-se, sem dúvida, de uma ótima maneira de estabelecer um mercado novo e lucrativo para o capital industrial, mas para resolver a questão ecológica não passa de uma grande ilusão.

Outra "solução" apresentada, aparentemente radical, mas com o mesmo ranço tecnocrático, foi a ideia do "crescimento zero". Houve quem passasse de uma hora para a outra da defesa intransigente do crescimento ilimitado para a do não crescimento. As lacunas dessa teoria, porém, são bastante claras. Ela não propõe uma mudança nas relações de produção, mas sim a sua estabilização no atual nível produtivo. Acontece que esse nível já é altamente destrutivo, e mantê-lo como está significa apenas retardar a possibilidade do colapso ambiental por mais algum tempo. Por outro lado, além do irrealismo de tentar simplesmente sustar o crescimento econômico, essa teoria se baseia numa clara discriminação: os países ricos "estacionariam" em seu consumo opulento e os do Terceiro Mundo, na miséria e na estagnação. Algumas soluções apresentadas para esse problema não foram nada confortantes. Houve quem sugerisse que a África poderia se tornar uma magnífica reserva natural para caçadores e turistas...

Uma terceira proposta, semelhante à anterior, mas muito mais elaborada e inteligente, foi a da "economia do estado estacionário". Seus formuladores se inspiraram na percepção de alguns economistas clássicos, como J. S. Mill, de que, a partir de certo nível de desenvolvimento produtivo, a economia poderia parar de crescer, limitando-se a reproduzir o padrão de bem-estar material alcançado. Os homens se dedicariam

Um caminho diferente,
belo e possível.

então a aquisições não materiais, como cultura, alegria de viver etc. Para esses teóricos os países industriais avançados já teriam alcançado o nível produtivo necessário ao estabelecimento desse tipo de sociedade, bastando para isso reajustar suas instituições e economia segundo critérios socioecológicos. Esses pensadores, entretanto, não ficaram insensíveis à especificidade do Terceiro Mundo (o principal deles, o economista americano Herman Daly, morou muitos anos no Brasil) e admitiram que para esses países o crescimento das forças produtivas era fundamental, no sentido de ultrapassar o estado de miséria material. Esse crescimento, no entanto, deveria ser orientado de forma a não repetir os erros inerentes às economias dos países industriais avançados.

Esse raciocínio nos remete a uma última teoria que tem marcado presença nesse tipo de debate, que é a teoria do "ecodesenvolvimento", formulada principalmente pelo economista polonês radicado na França Ignacy Sachs (que, coincidentemente, também viveu alguns anos no Brasil). O grande mérito dessa teoria está em deslocar o problema do aspecto puramente quantitativo, crescer ou não, para o exame da qualidade do crescimento. Ela assume uma visão realista e positiva da ação humana, considerando que esta nem sempre é ecologicamente negativa. O homem pode, por exemplo, criar paisagens agrícolas equilibradas com o ambiente natural. De forma análoga é possível optar politicamente por um tipo de crescimento econômico controlado, que se estabeleça com base em estruturas técnicas e produtivas que minimizem a destruição ambiental e maximizem a igualdade social, a saúde e o bem-estar. A questão estaria, dessa forma, no "como crescer", implicando, portanto, uma mudança qualitativa das estruturas produtivas, sociais e culturais da sociedade. Essa conversão ao ecodesenvolvimento, guardando as devidas especificidades, seria necessária tanto para os países do Terceiro Mundo quanto para os países industriais avançados, como condição para sua viabilização diante da crise ecológica e diante das cada vez mais graves contradições sociais e econômicas do mundo moderno.

O projeto ecologista, cujas ideias básicas serão expostas a seguir, não se prende em especial a nenhuma das teorias acadêmicas que foram mencionadas acima. Ele está nascendo, como dissemos antes, da reflexão dos milhares de grupos ecologistas espalhados pelo mundo, que fazem livre uso das propostas e informações elaboradas por cientistas e intelectuais, buscando relacioná-las com sua experiência concreta.

As ideias que apresentaremos a seguir não devem ser confundidas com um projeto detalhado de mudança social. O que existem são certos pontos de confluência, que unificam as aspirações dos ecologistas em todo o

mundo. Procuramos sintetizar alguns desses princípios, usando como fontes básicas as plataformas dos "Partidos Verdes" europeus e a reflexão interna dos grupos ecologistas brasileiros. O objetivo é apenas dar ao leitor uma visão geral do tipo de propostas que vêm sendo defendidas pelo ecologismo.

O projeto ecologista

A ideia central do projeto ecologista é a de que uma modificação no impacto destrutivo da atual sociedade sobre o meio ambiente só poderá ser conseguida, de forma profunda e duradoura, a partir de um amplo processo de descentralização da economia, do poder e do espaço social. Isso porque um dos principais motivos da destrutividade do atual modelo está no seu gigantismo e na sua tendência centralizadora, que tornam cada vez mais difícil o controle da sociedade sobre o seu funcionamento.

Os que defendem essa tendência ao gigantismo alegam que os grandes empreendimentos são mais racionais e eficientes do ponto de vista técnico. Os ecologistas, porém, entendem que a questão é bem mais política do que técnica. Simples argumentos técnicos não bastam para explicar a opção por uma enorme fábrica automatizada em vez de uma constelação de pequenas fábricas autogeridas, ou então por uma gigantesca monocultura em vez de um conjunto de pequenas lavouras associadas. Ao contrário, se levarmos em conta fatores como a produtividade e o oferecimento de empregos, é provável que a opção descentralizadora seja bem mais racional do ponto de vista econômico. Tomando apenas um exemplo, podemos ver que as pequenas propriedades camponesas no Brasil (com menos de 50 ha), ocupando apenas 12% da área agrícola total, produzem cerca de 50% dos alimentos e 30% dos produtos agrícolas de transformação industrial colhidos anualmente em nosso país. E isso com muito menos apoio oficial do que as grandes propriedades.

A questão, porém, como dissemos, não é simplesmente técnica e possui um claro sentido político. Grandes estruturas socioeconômicas, complexas e burocratizadas, facilitam a concentração do poder, facilitam o controle hegemônico sobre os rumos da produção e da sociedade e conduzem à perda crescente de poder político de decisão para os cidadãos comuns.

As gigantescas estruturas e instituições da sociedade urbano-industrial ultrapassam em muito a escala humana, ou seja, o tamanho que permite aos homens geri-las conscientemente e nelas conviverem de forma íntegra e não alienada. Seus gastos de energia, seu impacto ambiental e social se tornam incontroláveis. Diante delas o homem comum se sente alienado e impotente: não tem controle sobre o que produz nem

sobre para onde vai o fruto do seu trabalho. Não opina, de fato, sobre o que quer consumir, ficando à mercê das decisões dos grandes produtores, para quem a taxa de lucros pesa bem mais do que considerações sobre a saúde humana. Mesmo o pouco espaço de escolha que ele possui, que é o de decidir sobre um número limitado de marcas de produtos, é cada vez mais manipulado pelos artifícios da propaganda. Até mesmo a política se torna uma espécie de consumo passivo e ocasional, restrito a optar, na época das eleições, por um dos partidos aceitos oficialmente.

Esse tipo de situação, contudo, está sendo desafiado em vários países por um fenômeno cada vez mais promissor: o crescimento, por toda parte, de novos organismos da sociedade civil. Grupos não burocratizados, nascidos de baixo para cima, plenos do vigor social que nasce da convivência livre e solidária entre os homens. São associações de moradores, de consumidores, de trabalhadores, de defesa do ambiente e dos direitos das minorias. É o poder dos cidadãos organizados e conscientes, que querem influir diretamente nas questões que dizem respeito à sua vida. O ecologismo nasceu profundamente identificado com essa corrente social renovadora e o caminho que ele aponta é exatamente esse: a reconstrução vigorosa da capacidade política da sociedade civil.

A proposta do ecologismo, portanto, supõe democracia direta, autonomia, convivencialidade e controle social sobre a qualidade de vida e a integridade do ambiente. Para chegar a isso, contudo, é essencial que as estruturas políticas, socioeconômicas e culturais sejam descentralizadas e estabelecidas em escala humana.

Nesse sentido o projeto ecologista defende, de início, a descentralização geográfica da produção. A economia deveria ser reorganizada para atender prioritariamente ao mercado local e regional e às necessidades básicas da população, de forma a tornar cada região o mais autônoma e autossuficiente possível. Os ecologistas não pensam, obviamente, que se devem eliminar as trocas econômicas entre regiões e nações, mas sim que essas não devem ter primazia sobre as exigências locais, a exemplo do que ocorreu com a cultura de soja para exportação, cujo crescimento no Brasil se deu em 88% sobre terras antes ocupadas com alimentos básicos, causando carestia e empobrecimento da mesa popular. Uma economia regional sólida, diversificada e autônoma pode produzir excedentes para exportação sem prejudicar seu objetivo primeiro de servir à população local.

Numa economia descentralizada, as pequenas e médias cidades seriam incentivadas a não se transformarem em satélites dependentes das metrópoles, mas sim em centros culturais e econômicos autônomos, ar-

ticulados e associados ao espaço rural ao seu redor. Esse processo implicaria uma desconcentração geográfica do parque industrial. Em vez de se concentrarem nas metrópoles ou polos industriais isolados, as indústrias de pequeno e médio porte, voltadas para as necessidades populares básicas, poderiam ser espalhadas pelas pequenas cidades e até mesmo pelo campo, adaptando-se à sua paisagem ecológica e social. A proposta não seria, como é óbvio, transferir simplesmente as indústrias, tal qual existem hoje, para o interior, pois isso representaria a poluição generalizada. O ecologismo pensa numa nova política industrial, que incentivasse formas alternativas de tecnologia e organização do trabalho, criando indústrias que se integrem de forma não poluente e não agressiva ao meio ambiente.

Um dos objetivos básicos seria a articulação orgânica das pequenas e médias cidades com o campo à sua volta. Esse processo serviria para atenuar o antagonismo cidade/campo, aproximando os camponeses dos benefícios culturais e dos artigos produzidos nas cidades, e os citadinos do contato mais próximo com a natureza e a cultura rural da região. Essa articulação seria também um instrumento para a autossuficiência regional, pois facilitaria o abastecimento direto das cidades com os produtos agrícolas produzidos na região, reduzindo o custo dos transportes e o custo de vida em geral. Justamente o contrário do que ocorre hoje, quando os produtos agrícolas e industriais têm de percorrer imensas distâncias, segundo um sistema completamente caótico e desintegrado que apenas favorece os lucros dos intermediários.

Os camponeses, que com a integração regional cidade/campo teriam seu nível de vida melhorado, devido à facilidade de escoar sua produção sem depender de atravessadores, seriam incentivados a adotar uma produção diversificada e a utilizar a tecnologia eficiente, barata e acessível que é fornecida pela agricultura orgânica, livrando-se de sua dependência de agrotóxicos e outros insumos industriais que encarecem a produção e provocam danos ao equilíbrio ecológico e à saúde do trabalhador e dos consumidores. Esse processo só será possível, obviamente, se combinado com uma reforma agrária, que garantisse a posse e o uso da terra pelos camponeses.

As fontes de energia, matérias-primas e mão de obra para a produção agrícola e industrial deveriam, segundo o projeto ecologista, ser obtidas o mais possível a partir dos recursos regionais, levando-se em conta as características socioecológicas de cada lugar. A opção seria por fontes renováveis de energia, dando-se ênfase à sua obtenção por técnicas não poluentes e de pequeno impacto ambiental como, por exemplo, estações coletoras de energia solar, dos ventos e dos mares; biodigestores; mini-hidrelétricas etc.

O objetivo, em suma, seria o estabelecimento de uma economia regionalizada, diversificada e autossuficiente, voltada para as necessidades básicas da população, promotora da integração cidade/campo, e construída a partir de técnicas eficientes, baratas e não poluentes, calcadas em fontes renováveis de energia. O estabelecimento desse tipo de economia não impediria a existência daqueles setores da produção que, apesar de socialmente úteis, não pudessem ser descentralizados devido às suas características tecnológicas (não é fácil descentralizar a produção de aviões, por exemplo...). O objetivo proposto é que a produção das necessidades básicas e dos meios de vida da população se realize em esquema descentralizado e regionalizado. Alguns setores da economia, contudo, de acordo com suas características estruturais, poderiam permanecer em esquemas baseados em diferentes níveis de centralização, desde que seu impacto ambiental não fosse negativo em demasia e seu funcionamento pudesse ser controlado pela sociedade.

Para realizar o modelo de sociedade desenhado de forma muito resumida nos parágrafos anteriores, seria essencial o estabelecimento de um processo análogo de descentralização política. Seria necessário, de início, um radical fortalecimento do sistema federativo, aumentando-se a autonomia política municipal e regional. Para os ecologistas, porém, o processo deveria ser ainda muito mais profundo. É necessário socializar o poder, permitindo que os setores da sociedade participem diretamente na tomada das decisões que lhes dizem respeito. Assim, os moradores devem influir concretamente na política urbana adotada em sua área e os consumidores devem ter voz ativa na definição das características e da qualidade dos produtos a serem fabricados, podendo exigir que estes sejam duráveis, baratos e de fácil reparo. Também nas fábricas e nas áreas de produção rural o poder deveria ser democratizado, de tal maneira que os trabalhadores participassem diretamente nas decisões sobre o "como" e o "que" produzir, e sobre o ambiente e as condições de trabalho.

O objetivo seria o estabelecimento, tanto no campo quanto na cidade, de uma produção baseada no cooperativismo e na autogestão. Poder-se-ia então buscar uma articulação entre associações de produtores, moradores e consumidores, juntamente com governos democráticos e representativos, para definir conjuntamente os rumos a serem tomados diante de cada questão social e econômica. Em todos os níveis da sociedade se estabeleceriam articulações análogas, cada decisão sendo tomada a partir de um amplo debate popular. Os documentos ecologistas têm apresentado várias sugestões no sentido de criar mecanismos políticos que viabilizem essa proposta (conselhos de

cidadãos, *referendum* convocado por iniciativa popular etc.). O essencial, contudo, é que esse processo surja de baixo para cima, que os homens ocupem o espaço das decisões, autogerindo o dia a dia da vida social com plena consciência da sua dignidade e do seu papel de sujeito histórico.

Não devemos pensar, porém, pelo que foi dito acima, que a descentralização da sociedade, por si só, seria o bastante para resolver o problema da crise ecológica. Ela apenas ajudaria a criar instituições socioeconômicas menos rígidas e desumanas, tornando-as mais passíveis de serem controladas e geridas de forma apropriada pela sociedade. Complementando esse processo, entretanto, seria necessária a realização de uma série de medidas.

A primeira delas, já mencionada anteriormente, seria a adoção em todos os aspectos da vida humana de tecnologias alternativas, suaves e ecologicamente equilibradas. As experiências práticas que já existem nesse campo são alentadoras, e é cada vez mais generalizado o seu uso. Técnicas de agricultura orgânica, de medicina natural, de ecoarquitetura etc. têm sido utilizadas com excelentes resultados em todo o mundo, e numa sociedade ecologista seu uso seria altamente incentivado. Note-se que isso acarretaria uma grande economia de custos, pois as técnicas alternativas são em geral muito mais baratas, econômicas e acessíveis.

Além de gerarem muitos empregos (são intensivas de mão de obra) e contribuírem para a independência tecnológica do país.

Uma segunda medida, de caráter muito amplo, seria a adoção de uma política de proteção ambiental, que assegurasse a viabilidade ecológica da nova sociedade descentralizada. Essa política deveria ser encarada como uma meta global e estar presente em todos os aspectos da vida social. O objetivo seria construir uma sociedade cujo funcionamento como um todo tivesse o menor impacto ambiental possível, de forma a poder permanecer por um tempo histórico indeterminado sem gerar contradições que provoquem sua própria ruína. Esse tipo de política envolveria uma série de medidas de caráter amplo, entre as quais podemos citar:

– Proteção dos ecossistemas naturais, com a criação em larga escala de reservas e parques naturais (atualmente eles ocupam menos de 2% do território brasileiro). Além das grandes reservas, seria criado um sistema de minirreservas, para preservar nascentes, encostas etc.

– Proteção da vida silvestre, com a moratória da caça aos animais selvagens e o estímulo à reprodução de todas as espécies ameaçadas de extinção.

– Racionalização do uso das reservas minerais em processo de esgotamento, com a restrição do seu uso apenas a atividades de alto alcance social. Apesar

de gerar certos problemas de adaptação na economia, essa medida é imprescindível, pois se não as usarmos de forma racional agora não as usaremos de forma alguma no futuro. É fundamental a conversão da produção para priorizar o uso de fontes renováveis e abundantes de matéria e energia.

– Controle rigoroso da poluição industrial, estimulando a curto prazo a filtragem das emissões poluentes e a médio prazo a conversão para tecnologias de menor impacto ambiental como, por exemplo, a reutilização da água em circuito fechado pelas indústrias.

– Controle da poluição gerada por esgotos urbanos, com a difusão de estações de tratamento da água e de métodos de reutilização do esgoto doméstico (existem experiências para convertê-lo em adubo, por exemplo). A longo prazo, evidentemente, o controle da poluição urbana teria de se condicionar ao incentivo à redução no tamanho das cidades e da população urbana.

– Controle rigoroso da poluição por veículos automotores, incentivando ao mesmo tempo o transporte não poluente (bicicletas etc.) e o transporte coletivo, com ênfase no ferroviário.

– Reciclagem do lixo e dos materiais usados, com a reutilização de vidros, metais, papel etc. A parte orgânica do lixo pode ser transformada em adubo por meio de usinas relativamente simples, que já existem em algumas cidades do Brasil.

– Controle na qualidade dos produtos, incentivando-se a produção de artigos duráveis, reutilizáveis, de fácil reparo e que em sua fabricação gastem o mínimo de energia e recursos naturais.

– Incentivo ao reflorestamento, com a distinção entre reflorestamento ecológico e reflorestamento para indústria madeireira. O primeiro seria heterogêneo e voltado para fortalecer os sistemas ecológicos regionais, o segundo poderia se estabelecer como monocultura, mas teria de obedecer a um zoneamento ecológico prévio, para impedir o absurdo que vemos hoje de serem destruídas florestas naturais para dar lugar a monoculturas de árvores.

– Melhoria radical no ambiente das grandes cidades, com o aumento no poder das associações de bairro, a jardinização do espaço urbano e a criação de hortas coletivas e áreas de lazer comunitárias.

Evidentemente, a realização de todo esse programa de mudanças na produção e na organização social não poderia ser concretizada sem uma profunda mudança em nossa cultura e nossos valores. A questão cultural, portanto, é fundamental para o projeto ecologista. No programa dos ecologistas franceses, por exemplo, está dito que se daria prioridade a um Ministério da Qualidade de Vida, englobando educação, relações pessoais e cultura, que teria 30% do orçamento federal.

O programa cultural dos ecologistas inclui a valorização da diversidade cultural, a garantia do espaço para as minorias étnicas, religiosas, políticas e sexuais, a democratização e desmonopolização dos meios de comunicação e a valorização dos direitos da mulher.

A educação, entendida como a possibilidade de cada um desenvolver as suas potencialidades, é vista como um direito de todos, não se restringindo a escolas e faixas etárias específicas. Os ecologistas propõem a criação de ateliês livres e projetos educativos nos bairros e locais de trabalho, onde todos possam desenvolver seus conhecimentos e suas habilidades artísticas, esportivas etc. O princípio do processo educativo, incluindo o escolar, seria diminuir a separação entre trabalho manual e intelectual, dando-se ênfase na polivalência e no desenvolvimento integral do ser humano. O conhecimento e o contato com a natureza seriam altamente incentivados, de forma a estimular a ética de reverência pela vida e o debate sobre os problemas ambientais.

A essência de uma sociedade ecologista seria a simplificação e a redução nos gastos materiais, acompanhadas de uma intensificação na criatividade cultural, na convivência humana, na busca de conhecimentos, saúde e felicidade. Se modificássemos a forma de viver e produzir, poderíamos trabalhar menos e viver melhor. Viver de forma mais plena, igualitária, humana e não agressiva em relação à natureza. Nesse sentido, os ecologistas propõem como um dos pontos-chave de seu projeto a redução no tempo de trabalho, para que todos tenham mais disponibilidade para participar politicamente e cultivar seus relacionamentos e seu crescimento interior. Além de ser a solução mais lógica e humana para o problema do desemprego (em vez de alguns trabalharem muito e outros não trabalharem, todos trabalhariam menos), essa medida simbolizaria uma mudança no sentido social da existência humana, o rompimento com a ideologia quantitativista do crescimento ilimitado, e a opção por uma sociedade em que os homens não seriam mais escravos da produção, mas sim produziriam para viver, viver muito, viver bem, viver em paz e em harmonia com a natureza.

INDICAÇÕES PARA LEITURA

Para um aprofundamento no estudo da ecologia natural: *Ecologia,* de Eugene Odum (Pioneira, 1979) e *A biosfera* – textos da "Scientific American" (Polígono, 1974). No campo das obras gerais sobre ecologia social podem ser lidos *População, recursos e ambiente,* de Paul e Anne Ehrlich (Polígono, 1974), *Antes que a natureza morra,* de Jean Dorst (Edgard Blucher, 1973), *Que es la ecologia: capital, trabajo y ambiente,* de Laura Conti (Blume, 1978), *Uma terra somente,* de René Dubos e Barbara Ward (Melhoramentos, 1972) e *The glosing circle: nature, man and technology,* de Barry Commoner (Bantan, 1974). Uma crítica das correntes dominantes da ecologia social pode ser encontrada em *Para la crítica de la ecologia política,* de H. M. Enzenberger (Anagrama, 1978).

Existem também inúmeros livros que relacionam a reflexão ecológica com áreas específicas das ciências sociais e humanas, e podem ser lidos de acordo com o interesse pessoal de cada leitor: *Questão agrária e ecologia*, de Francisco Graziano Neto (Brasiliense, 1982), *A Anti-*

-*economia,* de J. Attali e M. Guillaume (Zahar, 1975), *O negócio é ser pequeno,* de E. F. Schumacher (Zahar, 1980), *Limites do crescimento,* de D. Meadows e outros (Perspectiva, 1973), *Pobreza e progresso,* de R. Wilkinson (Zahar, 1974), *Towards a steady:* state economy, de Herman Daly (Freeman, 1972), *A humanidade e a mãe-terra,* de Arnold Toynbee (Zahar, 1979), *The sociology of survival,* de Charles Anderson (Dorsey, 1976), *A próxima Idade Média:* a degradação do grande sistema, de Roberto Vacca (Palias, 1975), *Ecologie et politique,* de Andre Gorz (Seuil, 1978), *Ecologia:* caso de vida ou de morte, de Herbert Marcuse, Edgar Morin e outros (Moraes, 1973), *Ecology and the politics of scarcity,* de Willian Ophuls (Freeman, 1977), *Estruturalismo y ecologia,* de Claude Lévi-Strauss (Anagrama, 1972), O *homem e a natureza,* de S. Hossein Nasr (Zahar, 1977), *Natureza homem e mulher,* de Alan Watts (Record, 1982), *Freud y la realidad ecológica,* de Fernando Cesarman (Paidos, 1974) e *Ecophilosophy,* de Henryk Skolimowski (Boyars, 1981).

A bibliografia sobre a destruição da natureza e o conservacionismo é enorme. Ver *Crime contra a natureza,* de H. J. Netzler (Melhoramentos, 1977), *Ecologia:* temas e problemas brasileiros, de M. G. Ferri (Edusp, 1974), e *Ecologia:* conservar para sobreviver, de Kai Lindahl (Cultrix, 1975).

Sobre o Projeto Social Ecologista, uma fonte excelente são os próprios programas de transformação social elaborados por grupos ligados a essa corrente. Por exemplo, *A blueprint for survival* – editores da revista *The*

Ecologist (Signet, 1974), *Progress as if survival mattered* – elaborado pelo grupo americano "Friends of The Earth" (Foe, 1977) e *Le pouvoir de vivre: le projet des ecologistes avec Brice Lalonde,* (Ecologie Mansuel, 1980). Esse último é o programa de governo apresentado pelos ecologistas franceses nas eleições presidenciais de 1981.

Os diversos aspectos do projeto e da crítica ecologista são também discutidos nas seguintes obras: *O que é ecologismo* (número especial da revista *Pensamento Ecológico,* São Paulo, 1982), *Da ecologia à autonomia,* de Daniel Cohn-Bendit e Cornelius Castoriadis (Brasiliense, 1981), *Fim do futuro?:* manifesto ecológico brasileiro, de José Lutzenberger (Movimento, 1978), *Utopia ou morte,* de René Dumont (Paz e Terra, 1975), *Seule une écologie socialiste...* , de René Dumont (Laffont, 1978), *Ecologia para principiantes,* de S. Croall e W. Rankin (Dom Quixote, 1972), *Por una sociedad ecológica,* de Murray Bookchin (Gustavo Gilli, 1978), *A convivencialidade,* de Ivan Illich (Europa-América, 1980), *New age politics,* de Mark Satin (Delta, 1978), *Quand vous voudrez,* de Brice Lalonde e Dominique Simonet (Pauvert, 1978), *The politics of alternative technology,* de David Dickson (Universe, 1979), *The turning point,* de Fritjof Capra (Bantan, 1974) e *Person/planet:* the creative desintegration of industrial society, de Theodore Roszak (Granada, 1981).

SOBRE OS AUTORES

Antônio Lago e José Augusto Pádua já há alguns anos tomam parte em diversas atividades do movimento ecológico. Atuaram inicialmente no grupo conservacionista carioca Campanha Popular em Defesa da Natureza, participando diretamente mais tarde na criação da Cooperativa Ecologista Coonatura, do Comitê de Defesa da Amazônia, da Federação Fluminense das Associações de Defesa do Meio Ambiente e do Grupo Vereda de Ecologia Política.

Antônio Lago abandonou uma promissora carreira de engenheiro químico para viver os sonhos dos anos 1960. Trabalhando com teatro e dança nos Estados Unidos, foi levado a perceber a profundidade da relação homem/natureza na cultura popular afro-brasileira. Essa percepção o conduziu ao contato com as novas ideias antropológicas e filosóficas que então germinavam, e à descoberta da ecologia. Desde então seu esforço tem sido na direção de aprimorar,

com corpo, emoção e pensamento, o significado pessoal dessa descoberta.

José Augusto Pádua foi secretário do Comitê de Defesa da Amazônia e é membro da Cooperativa Coonatura e do Grupo Vereda. Seu interesse pela ecologia nasceu da percepção de que em plena crise do final do século XX, diante da falência de tantos modelos econômicos e políticos tradicionais, não cabe mais a países como o Brasil ficarem presos a caminhos convencionais de desenvolvimento e, sim, inventarem seu próprio destino, a partir de um amplo debate nacional em que a questão ecológica assuma lugar de primeira importância. Tem desenvolvido essa percepção em nível acadêmico (formou-se em história pela PUC-RJ e faz o mestrado em ciência política no Instituto Universitário de Pesquisas-Iuperj) e vem acompanhando experiências práticas do movimento ecológico no Brasil e na Europa.

Colorsystem
Grafica Digital e Offset